Monika Rößiger

Die Wasserstoff-Wende

Monika Rößiger

Die Wasserstoff-Wende

**So funktioniert
die Energie der Zukunft**

 Edition
Körber

Bibliografische Information der Deutschen Nationalbibliothek

Die Deutsche Nationalbibliothek verzeichnet diese Publikation
in der Deutschen Nationalbibliografie; detaillierte bibliografische Daten
sind im Internet unter http://dnb.d-nb.de abrufbar.

© Edition Körber, Hamburg 2022

Umschlagillustration: Kommune Art, Hamburg
Umschlag: Groothuis. www.groothuis.de
Herstellung: Das Herstellungsbüro, Hamburg |
www.buch-herstellungsbuero.de
Druck und Bindung: CPI – Clausen & Bosse, Leck
Printed in Germany

ISBN 978-3-89684-295-4

www.edition-koerber.de

Inhalt

Jetzt geht es los: Die Wasserstoffwirtschaft nimmt Fahrt auf

September 2019, inmitten saftig grüner Wiesen in Nordfriesland, kurz vor der dänischen Grenze. Ich bin Teil einer Besuchergruppe, die von Reinhard Christiansen in den Bürgerwindpark Ellhöft geführt wird. Die Teilnehmer der Exkursion sind aus ganz Deutschland angereist. Es weht eine steife Brise. Doch als der Gründer des Windparks Ellhöft mit seinen Gästen das Gelände betritt, zeigt sich ihnen ein bizarres Bild: Alle Windräder stehen still! Nicht nur die eigenen, sondern auch fast alle anderen Windräder der Umgebung. Soweit das Auge reicht.

Windräder, die sich bei Wind nicht drehen. Wie kann das sein? Das liegt am sogenannten Einspeise-Management, erklärt Christiansen. Wenn mehr Strom produziert wird, als die Leitungen aufnehmen können, regeln die Netzbetreiber die Erzeuger ab. Und das, obwohl Ökostrom qua Gesetz vorrangig eingespeist werden soll. Aber in der Praxis sei das kaum möglich, fährt der Windparkgründer fort. Wind- und Fotovoltaik-Anlagen lassen sich schneller abschalten als ein schwerfälliges Kohlekraftwerk. Deshalb stehen in Deutschland nicht selten alle Windräder einer Region still – anstatt z. B. »den nominell möglichen Ökostrom wirklich zu erzeugen und in Wasserstoff umzuwandeln«, wie Christiansen erklärt. Der könnte in das bestehende Gasnetz eingespeist oder an einer Wasserstofftankstelle verkauft werden.

Diese absurde Geschichte über die Nichterzeugung von Ökostrom, der aber trotzdem von uns Verbrauchern und Steuerzahlern bezahlt werden muss, war für mich eine Initialzündung, mich noch intensiver mit diesem Thema zu beschäftigen. Zwar hatte ich in den Jahren zuvor immer mal wieder über erneuerbare Energien und auch Wasserstoff berichtet, aber noch schrieb ich vor allem über Wälder, Meere und Wildtiere, über den Schutz der Biodiversität und die Folgen des Klimawandels. Durch eine Mischung aus Zufall und Neugierde kam ich immer mehr mit Projekten der Energiewende in Berührung. Und merkte, wie wenig ich eigentlich über die Praxis wusste. Welche Rolle Wasserstoff dabei spielen könnte, blieb lange ein Thema für Fachkreise, ein Gegenstand von Forschung und Entwicklung. Doch die Praxisbeispiele fand ich vielversprechend: Von ihnen will ich berichten, denn sie können uns allen eine Idee davon vermitteln, wie die Energiewende funktionieren kann. Und diese Reportagen, die einem auch die Geschichten hinter der Technik näherbringen, sollen zugleich Mut machen, auch wenn wir uns als Gesellschaft erst am Anfang eines langen Weges befinden.

Als ich mich schon in der Schlussphase des Manuskriptes befand, nahm dieser Weg eine dramatische Wendung. Der russische Angriffskrieg gegen die Ukraine hat uns – neben vielen anderen verstörenden Erkenntnissen – vor Augen geführt, wie riskant und unklug die Abhängigkeit von fossilen Energien ist. Ökologisch konnte das jedem längst klar sein. Aber nun gewinnt diese Abhängigkeit eine politische und moralische Dimension, die die Energiewende in unerwarteter Weise vorantreibt. Lange haben die Pioniere alternativer Energieerzeugung und -nutzung über das Fehlen des politischen Willens geklagt, die Erkenntnisse und Erfahrungen konsequent umzusetzen. Solche Pioniere sind neben Wissenschaftlern und Unternehmern mit Weitblick vor allem Bürgerinitiativen und Energiegenossenschaften, die sich unter anderem infolge des Reaktorunfalls von Tschernobyl 1986 gründeten, um zu zeigen, dass es auch anders geht. Seitdem verfolgen sie einen konsequent ökologischen Weg, argwöhnisch beäugt von Energiemonopolisten, teils auch bekämpft.[1]

Die Einstellung von Stromkonzernen und großen Teilen der Industrie ändert sich erst seit einigen Jahren: Mehr und mehr Unternehmen erkennen die Notwendigkeit des Klimaschutzes und – damit unweigerlich verbunden – die Notwendigkeit eines planmäßigen Ausstiegs aus fossilen Brennstoffen. Auch die Politik spielte lange eine unrühmliche Rolle in Sachen Energiewende: Wie sehr diese ausgebremst wurde, kann man z. B. in der Greenpeace-Broschüre *Faktencheck Klimabremser* nachlesen.[2] Erst seit dem Regierungswechsel im Herbst 2021 ist auch der politische Wille da, dem Klimaschutz die gebührende Priorität einzuräumen. Und seit dem russischen Angriff auf die Ukraine gilt Energiepolitik sogar als wichtiger Faktor in der Außen- und Sicherheitspolitik, avancieren erneuerbare Energien plötzlich zu »Friedensenergien«.[3]

Immerhin, auch vor der viel beschworenen »Zeitenwende« hatte es schon regionale Allianzen zwischen Wissenschaft, Wirtschaft, Politik und öffentlichen Verwaltungen gegeben. Man konnte große Technologiesprünge beobachten, etwa in der Offshore-Windenergie, und erhebliche Effizienzverbesserungen bei der Windenergie an Land und in der Solarstrom-Erzeugung. Auch waren die wissenschaftlichen Erkenntnisse im Bereich erneuerbarer Energien nach jahrelanger, intensiver Forschung inzwischen verstärkt in die Praxis gegangen, erst in kleine Pilotprojekte, dann in zunehmend größere »Demonstrationsvorhaben«, wie das genannt wird. Diese Allianzen nahmen und nehmen es auf sich, im semiindustriellen Maßstab zu erproben, was später einmal im großen Ganzen funktionieren soll. Und man muss ja zugestehen: Eine Systemumstellung im laufenden Betrieb ist an sich schon eine Herausforderung. Sie impliziert jede Menge an gesellschaftlichen, rechtlichen, politischen und wirtschaftlichen Fragen. Nun, endlich, und leider erst unter dem Druck eines grausamen Angriffskrieges mitten in Europa, beginnt die Politik auch auf nationaler und EU-Ebene den rechtlichen Rahmen zu schaffen, damit die Unternehmen ihre Investitionen im Sinne der Minderung von Treibhausgasen planen können. Und nicht zuletzt muss die Bundesregierung unsinnige oder obsolet gewordene Regelungen und bürokratische Hemmnisse ebenso abschaffen wie umweltschädliche Subventionen in Milliardenhöhe.[4]

Umweltorganisationen, Unternehmen, Projektentwickler aus der Erneuerbare-Energien-Branche und auch Landespolitiker warnen schon lange, dass die bundespolitisch gewollte Ökostrom-Lücke der vergangenen Jahre viele negative Folgen haben würde.[5] Nicht zuletzt die Verlagerung von Produktionskapazitäten – insbesondere der Offshore-Windenergie – ins Ausland sowie den Verlust von Fachkräften. Vergeblich. Das fällt uns nun auf die Füße, zu einer Zeit, in der uns unter schwierigeren Bedingungen als je zuvor gar nichts anderes übrig bleibt, als die Energiewende so schnell wie möglich zu Ende zu führen.

Will man dieses Ziel so erreichen, dass auch große Teile der Bevölkerung davon überzeugt sind, selbst davon zu profitieren, ist das nicht zuletzt eine Frage der Kommunikation. Als ich mit dem Buch begann, spielte das Thema Grüner Wasserstoff in den Publikumsmedien eine verschwindend geringe Rolle. Nur die Fachmedien berichteten umfangreich und regelmäßig. In meiner journalistischen Arbeit saß ich zwischen den Stühlen: selbst zwar keine Fachjournalistin, aber mit großem Interesse an diesem Gebiet und dem Wunsch, die Sache im Sinne des Klimaschutzes mehr in die Öffentlichkeit zu bringen. Das, was ich bei meinen Recherchen herausgefunden habe, erscheint mir nicht nur berichtenswert, es ist obendrein sehr ermutigend. Diese Zuversicht möchte ich an Sie weitergeben, ohne die Schwierigkeiten, die es natürlich auch gibt, zu verschweigen.

Insgesamt besteht ja Grund zur Hoffnung: Die Energiewende – jenseits der Stromwende – ist technisch möglich. Dafür gibt es bereits viele gute Praxisbeispiele. Eine Auswahl davon möchte ich hier vorstellen – exemplarisch und ohne Anspruch auf Vollständigkeit. Ursprünglich wollte ich nur von Projekten berichten, die ich selbst besucht hatte, aber da machte mir die Pandemie einen Strich durch die Rechnung, denn selbst nach Aufhebung des Lockdowns ließ kaum ein

Betrieb externe Besucher auf sein Gelände. Das war und ist umso verständlicher, wenn die Unternehmen zur kritischen Infrastruktur gehören. Mein geografischer Radius verengte sich somit immer mehr auf den norddeutschen Raum. Inhaltlich erwies sich das jedoch nicht als Nachteil, weil die Energiewende hier aufgrund der hohen Windstromerzeugung im nationalen Maßstab schon am weitesten fortgeschritten ist. Außerdem hatten die norddeutschen Bundesländer schon 2019, noch vor der Bundesregierung, eine eigene gemeinsame Wasserstoffstrategie vorgelegt.[6] Viele der Wasserstoffprojekte, die ich hier *pars pro toto* beschreibe, lassen sich perspektivisch zudem auf andere Regionen in Deutschland und Europa übertragen. Nicht zuletzt wegen dieser Vorreiterrolle werden sie ja zum Teil auch mit EU-Mitteln gefördert.

Es bleibt allerdings ein Handicap, dass die Wasserstoffprojekte zur Zeit meiner Recherche oft noch im Anfangs- und Aufbaustadium steckten, sodass eine externe Beurteilung noch nicht möglich war. Das bedeutet auch, gerade bei Unternehmensinitiativen, dass ich sehr auf Selbstauskünfte angewiesen war. Seit März 2022 nimmt aber die Berichterstattung in den Publikumsmedien zu diesem Thema deutlich zu, und wenn das allgemeine Interesse steigt, wird es auch mehr wissenschaftliche Validierung geben und mehr kritische Kommentierung einzelner Projekte. Obendrein sind Wasserstoffinitiativen inzwischen wie Pilze aus dem Boden geschossen: Das ist schon jetzt ein kaum mehr überschaubar weites Feld geworden. Das ist ein gutes Zeichen – nicht nur, weil Konkurrenz das Geschäft belebt, sondern auch, weil es dann mehr Erfahrungen und mehr Vergleichsmöglichkeiten gibt.

Obwohl es in diesem Buch vor allem um Beispiele aus Forschung und unternehmerischer Praxis der jüngsten Zeit geht und nicht um die frühen Ökopioniere der 1980er Jahre, möchte ich diese hier ausdrücklich würdigen. Ohne ihren Mut, ihre Tatkraft und ihre Beharrlichkeit wäre vieles, von dem ich hier berichte, noch immer Zukunftsmusik.

Ich beschäftige mich hier vor allem mit der großtechnischen Produktion von grünem Wasserstoff und mit seinem in naher Zukunft möglichen Einsatz in den vier Wirtschaftsbereichen, die aus Gründen des Klimaschutzes allesamt ihre Treibhausgasemissionen senken müssen: Energiewirtschaft, Industrie, Verkehr und Wärmeversorgung. Das bedeutet in der Regel eine tiefgreifende Veränderung von Prozessen und Infrastruktur. Während grüner Wasserstoff in einigen Bereichen unverzichtbar sein wird, ist er an anderer Stelle wenig oder gar nicht sinnvoll. Warum das so ist und wie sein Einsatz insgesamt aussehen kann, möchte ich hier anhand von praktischen Beispielen erläutern. Dazu gehört auch ein Blick auf die sich anbahnenden Neuerungen in unserem Alltag, etwa die Frage, wie grüner Wasserstoff den Transport von Menschen und Gütern verändern wird.

Die Zukunft von grünem Wasserstoff als Energieträger und Energiespeicher hat bereits begonnen. Mitte April 2022 kostete dieser mit Hilfe von erneuerbaren Energien und Wasserspaltung (Elektrolyse) hergestellte Wasserstoff erstmals weniger als sogenannter grauer Wasserstoff, der aus Erdgas gewonnen wird.[7] Das hängt freilich mit den seit Herbst 2021 stark gestiegenen Preisen für fossile Energie zusammen, aber auch mit den – unabhängig von der politischen Lage – gesunkenen Preisen für Strom aus Sonnen- und Windkraftanlagen. Ökostrom kostete allerdings auch vorher schon weniger als Strom aus fossilen Rohstoffen, was vor allem dem technischen Fortschritt sowie der seriellen Herstellung zu verdanken ist. Das war abzusehen und wurde von Fachleuten auch vorhergesagt; nur leider hat die Politik nicht rechtzeitig die Weichen für einen klimaschonenderen Weg des Wirtschaftens gestellt. Dabei führt an erneuerbaren Energien und Wasserstoff kein Weg vorbei, wenn wir die Erwärmung der Atmosphäre bremsen wollen.

Was wir für eine sichere und zuverlässige Energieversorgung brauchen, ist die Abkehr vom zentralistischen Prinzip der Großkraftwerke, egal ob Kohle oder Atom[8]. Essenziell für mehr Sicherheit und Widerstandsfähigkeit in der Energiewirtschaft ist ein dezentrales System mit vielen unterschiedlichen grünen Strom- und Wärmeerzeugern sowie Speichern. All diese Anlagen sollten sich über das ganze Land verteilen, lokale und regionale Netze bilden und sich dort, wo es möglich ist, auch grenzüberschreitend mit entsprechenden Projekten in den Nachbarländern verknüpfen. Wir brauchen mehr Möglichkeiten für Mieter in Mehrfamilienhäusern, auf ihren Dächern Energie zu erzeugen und untereinander zu teilen, und wir brauchen mehr genossenschaftliche Quartierskonzepte. In diesem Bereich lässt das im Prinzip ambitionierte »Osterpaket« des Bundeswirtschafts- und Klimaschutzministeriums noch zu wünschen übrig.[9] Zu Recht bemängelt der Bundesverband Erneuerbare Energie (BEE), dass die seit Jahren kritisierten bürokratischen Hemmnisse für Mieterstrom und finanzielle Beteiligung von Kommunen immer noch nicht beseitigt wurden. Zudem fehlt nach wie vor die Umsetzung der EU-Energy-Sharing-Richtlinie in deutsches Recht.[10]

Und wir brauchen mehr Teilhabe an Windenergieprojekten, etwa durch Bürgerenergiegesellschaften wie in Ellhöft – schon aus praktischen Gründen, um den Windenergieausbau in die Fläche zu bringen. Aber auch, weil solche gemeinsamen Projekte am besten geeignet sind, das Sankt-Florians-Prinzip zu überwinden, das in manchen Kommunen und Regionen immer noch herrscht, wenn es darum geht, Windräder in der eigenen Umgebung zu errichten. Der in Ellhöft generierte Windstrom dient inzwischen übrigens unter anderem zur Erzeugung von grünem Wasserstoff, der an eine öffentliche Wasserstofftankstelle der Region abgegeben wird.[11]

Die Kombination aus Erzeugung, Speicherung, Transport und Verwertung von grünem Wasserstoff wird bei neuen Projekten inzwischen von vornherein geplant.

Wie die Produktion von Wasserstoff funktioniert, beschreibe ich im folgenden Kapitel.

Kapitel I

Am Anfang sind die Elemente:
Grundlagen der Wasserstofftechnologie

Früher dachte ich bei Wasserstoff als Erstes an die Knallgas-reaktion – ein Klassiker der Schulexperimente. Seine Vor-führung ist beeindruckend genug, um dem chemischen Ele-ment für immer mit Respekt zu begegnen. Darüber hinaus wird einem im Biologieunterricht bewusst, dass wir ohne Wasserstoff nicht existieren würden: Mit Sauerstoff ver-bindet er sich zu Wasser, unserem Lebenselixier, wichtiger Bestandteil unseres Organismus, wesentlich für viele Stoff-wechselprozesse. Ohne Wasser gäbe es kein Leben auf der Erde, keine Fotosynthese, keine Atmung.

Darüber hinaus ist Wasserstoff nun der neue große Star der Energiewende. Warum jetzt? Oder vielmehr: Warum erst jetzt? Denn das Wissen um die Macht des Wasserstoffs ist nicht neu: Knallgas ist schon seit dem 17. Jahrhundert be-kannt; als Element wurde Wasserstoff 1766 entdeckt. Und das Prinzip der Brennstoffzelle ist schon beinah 200 Jahre alt. 1838 entdeckte es Christian Friedrich Schönbein, ein deutsch-schweizerischer Chemiker und Physiker. Der litera-rische Visionär Jules Vernes schrieb Ende des 19. Jahrhunderts in seinem Roman *Die geheimnisvolle Insel*: »Die Energie von morgen ist Wasser, das durch Strom zerlegt worden ist. (...) Wasser und Sauerstoff werden auf unabsehbare Zeit hinaus die Energieversorgung der Erde sichern.«[12]

So weit ist es noch nicht – genau davon handelt ja dieses Buch –, auch wenn Wasserstoff schon vielerorts eingesetzt wird: Die Chemieindustrie verwendet Wasserstoff seit mehr als 100 Jahren, und die ersten Ausflüge ins All, die ersten Schritte des Menschen auf dem Mond wären ohne die Mitwirkung von Wasserstoff nicht möglich gewesen. Bis heute basiert die Raumfahrt auf Wasserstoff als Energieträger und der Brennstoffzelle, um diese Energie zu nutzen. Aber auch die alltäglicheren Möglichkeiten werden schon lange gesehen: Automobilkonzerne haben immer wieder mit Wasserstoff als alternativem Treibstoff experimentiert, aber die Forschung am Ende doch eingestellt – zu teuer, zu aufwendig, zu gefährlich. Erst vor wenigen Jahren haben sich einige der Unternehmen auf Wasserstoff als Alternative zum Verbrennungsmotor besonnen. Inzwischen jedoch, so scheint es, ruhen alle Hoffnungen der Welt auf Wasserstoff: als Energieträger der Zukunft, als unverzichtbarer Energiespeicher, als globales Handelsgut mit einem Milliardenmarkt.

Diese Neubewertung von Wasserstoff basiert also darauf, dass die Dringlichkeit des Klimaschutzes endlich bis in die höchsten Kreise von Politik und Wirtschaft vorgedrungen ist. Klimaforscher warnen zwar bereits jahrzehntelang eindringlich und immer wieder vor den Gefahren steigender Treibhausgasemissionen, stießen jedoch oft auf taube Ohren, zumindest in der Politik. Und selbst dort, wo die Ohren nicht taub waren, reichte es bis zur Umsetzung in konkrete Rahmenbedingungen bzw. Gesetze häufig nicht. Es brauchte wohl letztlich den Druck von der Straße, von Millionen vor allem junger Menschen, um die Regierungen schließlich zum Handeln zu bewegen.

Aber wie funktioniert die Energiewende mit Hilfe von Wasserstoff, und warum ist er so wichtig für das Ziel, den menschengemachten Klimawandel nicht weiter zu beschleunigen?

Wasserstoff ist zwar das häufigste Element im Universum, aber nicht auf der Erde, wo er an Säuren und Metalle gebunden ist, vor allem aber an Sauerstoff – Wasser eben. In seiner reinen Form besteht das Wasserstoffmolekül aus zwei Wasserstoffatomen. Deshalb die chemische Kurzformel H_2. Im molekularen Zustand ist Wasserstoff ein farb- und geruchloses Gas, das erheblich leichter als Luft ist. Es ist ungiftig und unschädlich für Menschen, Pflanzen und Tiere, deshalb gilt es als weder gesundheitsgefährdend noch umweltschädlich.

Wasserstoff herstellen

H_2 lässt sich auf unterschiedliche Weise und aus unterschiedlichen Ausgangsstoffen gewinnen – vor allem, wenig überraschend, aus Wasser. Prinzipiell könnte aus den mächtigen Wasserflächen, die die Erde zu mehr als zwei Dritteln bedecken, Wasserstoff in großer Menge generiert werden; die Frage ist allerdings, mit welchem Aufwand.

Zurzeit gängig und schon seit Längerem etabliert, ist die Dampfreformierung, bei der Erdgas mit Hilfe von Wasserdampf in Wasserstoff und Kohlendioxid (CO_2) gespalten wird. Weil das dabei anfallende CO_2 nicht weiterverwendet wird und somit in die Atmosphäre gelangt, ist dieser Prozess klimaschädlich.

Perspektivisch interessanter ist es, Wasserstoff herzustellen, indem man Wasser durch das Verfahren der Elektrolyse in seine Bestandteile Wasserstoff und Sauerstoff zerlegt, auch *Power-to-Gas* genannt. Dabei handelt es sich um einen elektrochemischen Prozess, der Strom benötigt. Wenn dieser aus erneuerbaren Quellen wie Sonnen- oder Windenergie stammt, dann ist die Elektrolyse frei von Emissionen. Dieser wird dann als **grüner Wasserstoff** bezeichnet, analog zum Grün- oder Ökostrom, den man für seine Herstellung verwendet. In diesem Buch geht es vor allem um grünen bzw. erneuerbaren Wasserstoff, weil dieser für den Klimaschutz die wichtigste Rolle spielt.

Einige weitere Verfahren seien hier anhand der gängigen »Farbpalette« für Wasserstoff erläutert.

Grauer Wasserstoff entsteht unter Einsatz fossiler Brennstoffe, etwa durch die erwähnte Dampfreformierung von Erdgas. Für Chemie-Fans hier die Formel: Methan (CH_4) + Wasser (H_2O) $\rightarrow$ Kohlenstoffmonoxid (CO) + $3\,H_2$ (Wasserstoff). Das Kohlenstoffmonoxid wird mit Hilfe von Wasser oxidiert, wodurch mehr Wasserstoff entsteht – und eben Kohlendioxid: $CO + H_2O \rightarrow CO_2 + H_2$.

Von **blauem Wasserstoff** spricht man, wenn das bei der H_2-Herstellung anfallende CO_2 abgefangen und gespeichert wird, beispielsweise in erschöpften Gasfeldern unter der Erde oder in Salzkavernen. Dieses Verfahren wird als CCS bezeichnet, die Abkürzung für *Carbon Capture and Storage*.

Türkis wird Wasserstoff genannt, der über die thermische Spaltung von Methan entsteht. Bei diesem Verfahren, der Methanpyrolyse, entsteht kein CO_2, sondern fester Kohlenstoff (chemisch: $CH_4 \rightarrow 2\,H_2 + C$). Wird der feste Kohlenstoff weiterverwendet, zum Beispiel in der Industrie, spricht man auch von CCU – die Abkürzung für *Carbon Capture and Utilisation*. Dieses Verfahren wird im Zuge von CO_2-Reduktion und Kreislaufwirtschaft immer mehr an Bedeutung gewinnen (siehe auch Kapitel VI).

Orangefarbener Wasserstoff wird mit Hilfe von Bioenergie hergestellt. Dabei handelt es sich um einen Oberbegriff für klimaneutrale Energieträger, zum Beispiel Biomasse aus Reststoffen der Forst- und Landwirtschaft oder der Lebensmittelverarbeitung und Gastronomie (etwa alte Speiseöle und -fette), außerdem Biogas, Biomethan oder synthetische Kraftstoffe. Da der bei der Wasserstoffherstellung frei werdende Kohlenstoff zuvor organisch gebunden wurde, ist der Kreislauf geschlossen. Es wird der Atmosphäre kein weiterer Kohlenstoff hinzugefügt, weshalb dieses Verfahren als klimaneutral gilt.

Weißer Wasserstoff ist der natürlich auf der Erde vorkommende, nicht an andere Elemente gebundene Wasserstoff.

Und auch **roter** oder **rosa Wasserstoff** wird manchmal erwähnt. Dabei handelt es sich um Elektrolyse-Wasserstoff, bei dem der Strom für die Wasserspaltung aus Atomkraftwerken stammt.

Wasserstoff transportieren und speichern

Unter Normalbedingungen ist Wasserstoff gasförmig und hat nur eine geringe Dichte – das macht die Speicherung schwierig. Möglich ist es aber: unter hohem Druck oder in flüssiger Form bei niedriger Temperatur. Am weitesten verbreitet ist das Verfahren, Wasserstoff bei einem Druck von rund 700 bar zu speichern. Ein Druckspeicher besteht meist aus einem dünnen Aluminiumbehälter, der zur Verstärkung mit Kohle- oder Glasfaser ummantelt ist. Um alternativ Wasserstoff in flüssiger Form zu speichern, muss er bis auf minus 253 Grad Celsius gekühlt werden, was einen relativ hohen Energieeinsatz voraussetzt. Der in sogenannten Kryotanks gespeicherte Wasserstoff hat auf diese Weise eine höhere Energiedichte als im gasförmigen Zustand – interessant z. B., wenn er als Raketentreibstoff verwendet werden soll, zumal das Transportgewicht vergleichsweise gering ist.

Das gilt auch für irdischere Anwendungen: Wenn man Flüssigwasserstoff per Lkw transportiert, hat man bei gleichem Gewicht etwa sechsmal mehr Wasserstoff, als wenn man den Lastwagen mit Druckwasserstoff beladen würde, heißt es beim Deutschen Wasserstoff- und Brennstoffzellen-Verband (DWV). »Dabei wird allerdings auch etwa 30 Prozent der Energie des Wasserstoffs für die Bereitstellung in flüssiger Form eingesetzt. Bei komprimiertem Wasserstoff sind es nur zehn Prozent.«[13] Wenn der Wasserstoff allerdings erst mal aufwendig verdichtet und komprimiert wurde, so der Bundesverband der Energie- und Wasserwirtschaft (BDEW), »wird aus dem Nachteil ein Vorteil: Ein Kilogramm Wasserstoff enthält dann fast so viel Energie wie drei Kilogramm Benzin«.[14]

Unterm Strich lohnt sich energetisch betrachtet die Verflüssigung, aber am Ende ist es vor allem, wenn auch nicht nur, eine Kostenfrage. Was günstiger ist, hängt sowohl von regionalen Bedingungen als auch vom Bedarf ab bzw. der Art der Anwendung. Für kleine Mengen und kurze Strecken lohnt sich nach Angaben des DWV der Transport von komprimiertem Wasserstoff. Bei mehr als 300 Kilometern und größerem Bedarf rentiert sich eher der Einsatz von Flüssigwasserstoff. Bei großen Mengen Wasserstoff, die kontinuierlich gebraucht werden, wie beispielsweise in der Industrie, sind Pipelines ideal. Aber auch die sind teuer, wenn man sie erst mal bauen muss. Ist hingegen schon ein Verteilnetz vorhanden, etwa für Erdgas, ist das ein großer Vorteil: Bereits heute kann Wasserstoff dem Erdgas beigemischt werden; bisher liegt die Obergrenze bei etwa 20 Prozent. Dieser Anteil könnte bald auf 30 Prozent steigen (mehr dazu im Kapitel V); perspektivisch sind auch höhere Anteile möglich.

Eine weitere Option ist die Speicherung und der Transport von Wasserstoff in Form von Ammoniak, Methanol oder mit Hilfe von organischen Trägermolekülen, LOHC abgekürzt *(Liquid Organic Hydrogen Carrier)*, die den Wasserstoff binden. Während der Umgang mit Ammoniak seit Langem praktiziert wird – und aufgrund seiner Gefährlichkeit mit hohen Sicherheitsvorkehrungen verbunden ist –, handelt es sich bei LOHC um eine zwar ungefährliche, aber relativ neue Methode, die weiter erforscht und entwickelt wird. In großem Stil soll dies künftig zum Beispiel auf Helgoland stattfinden, unterstützt vom Bundesministerium für Bildung und Forschung (wir werden uns das im Kapitel II.2 näher ansehen).

Für den weltweiten Einsatz von Wasserstoff ist das Tankschiff die beste Wahl. Schon heute wird fossil hergestellter Wasserstoff auf diese Weise Tausende von Kilometern um den Erdball verfrachtet, etwa von Australien nach Japan. Noch besser wäre es freilich, den Wasserstoff möglichst nah an der Stelle zu produzieren, wo man ihn auch braucht – etwa für industrielle Prozesse wie die Roheisenproduktion oder an Tankstellen –, oder dort, wo man ihn weiterverarbeitet, zum Beispiel als Grundstoff in der chemischen Industrie. Zumindest sollten Produktion und Anwendung nahe beieinander liegen, wo immer sich das realisieren lässt. Auch dazu gibt es interessante Ansätze, sei es in Industriegebieten, auf dem Meer oder in der Wüste. Dennoch kommt man im globalen Maßstab wohl nicht um weite Transporte von Wasserstoff oder seinen wertvollen Folgeprodukten (z. B. Ammoniak, Methanol oder strombasierten Kraftstoffen) herum. Das Thema der wasserstoffbasierten Folgeprodukte wird im Mobilitäts-Kapitel genauer behandelt, wenn wir uns den Schiffs- und Flugverkehr sowie die Hafenlogistik ansehen.

Für eine langfristige Speicherung auch großer Mengen von Wasserstoff eignen sich Salzkavernen, also unterirdische geologische Formationen, wie wir sie auch zur Speicherung von Erdgas verwenden. Ebenfalls sinnvoll wäre es, Wasserstoff in erschöpften Öl- oder Gasfeldern zu speichern oder in bereits vorhandenen Höhlen, sofern sie die Voraussetzungen als Speicher erfüllen.[15] Nach Angaben des BDEW verfügt Deutschland über die größten Gasspeicherkapazitäten Europas; zwei Drittel davon liegen in unterirdischen Kavernen.[16]

Es gibt – unabhängig davon, was weitere Forschungen noch ergeben werden – wohl nicht einen Königsweg zum

Transport und zur Speicherung von Wasserstoff. Doch das ist kein Nachteil: Je nach Standort, Verwendungszweck, Menge und Entfernung zwischen Erzeuger und Verbraucher von H_2 gibt es unterschiedliche Bedürfnisse und Optionen. Und die sind sicherer, als oft vermutet wird.

Gefahren des Wasserstoffs

Wasserstoff haftet der Nimbus des Gefährlichen an, wohl nicht zuletzt aufgrund der eingangs erwähnten Knallgasreaktion. Dabei ist H_2 nicht gefährlicher als andere Gase oder Flüssigkeiten, welche in Energiewirtschaft und Industrie seit Langem eingesetzt werden, wie z. B. Erdgas, Flüssiggas, Benzin oder Diesel – auch beim Hantieren mit diesen Stoffen gelten strenge Sicherheitsvorkehrungen. Nicht umsonst gibt es ja ein Rauchverbot an Tankstellen. Selbstverständlich sind auch für den Umgang mit Wasserstoff Sicherheitsvorkehrungen notwendig. Dass er trotzdem im Allgemeinen als gefährlicher wahrgenommen wird, liegt vermutlich daran, dass den Menschen immer noch zwei spektakuläre Unglücke in Erinnerung sind: der Absturz des Luftschiffs *Hindenburg* 1937 und die Explosion des Space Shuttle *Challenger* 1986.

Ohne Zweifel waren das erschütternde Katastrophen, und Wasserstoff war mit an Bord, aber er hat die Unfälle nicht ausgelöst. Denn als Gas ist Wasserstoff zwar brennbar, aber nicht brandfördernd, im Gegensatz etwa zu Sauerstoff oder Chlor. In reiner Form ist Wasserstoff auch nicht explosionsfähig; falls er jedoch in geschlossenen oder schlecht belüfteten Räumen austritt und sich mit Luft vermischt, kann es gefährlich werden. Ab einem Anteil von vier Prozent Wasserstoff in der Luft ist das Gemisch explosiv und kann durch einen Funken gezündet werden (was möglicherweise zu dem verheerenden Brand der *Hindenburg* geführt hat). Normalerweise wird so etwas durch entsprechende Sicherheitsvorkehrungen verhindert, schließlich ist der sichere Umgang mit Wasserstoff z. B. in der Chemieindustrie eine seit rund 100 Jahren geübte Praxis. Und kommt es im Freien zu einem Leck, besteht in der Regel auch keine Explosionsgefahr, weil sich der frei werdende Wasserstoff schnell verflüchtigen würde. Flüssiger Wasserstoff darf ebenso wenig wie andere verflüssigte Gase mit der Haut in Kontakt kommen, weil das zu sogenannten Kälteverbrennungen führen würde.

Wenn nun also Wasserstoff als Energieträger und Speichermedium eingesetzt wird, dann muss er – wie andere Stoffe auch – mit Vorsicht behandelt werden. Aber er ist im Prinzip nicht gefährlicher als die bisherigen Energieträger, die wir im Alltag seit Langem zum Kochen, Heizen, Autofahren nutzen. Wasserstoff gilt da eher als Exot, obwohl er bis vor nicht allzu langer Zeit als 50-prozentiger Bestandteil von »Stadtgas« in vielen Wohnungen unsichtbar präsent war.

Wasserstoff nutzen

Mit Hilfe der Brennstoffzelle (BZ) können wir die im Wasserstoff gespeicherte Energie nutzen. Der in ihr stattfindende elektrochemische Prozess, der Wasserstoff in Strom und Wärme wandelt, ist sehr effizient. Auch wenn dabei Energie verloren geht, hat die Brennstoffzelle einen höheren Wirkungsgrad als ein Verbrennungsmotor. In Kombination mit einem Blockheizkraftwerk (BHKW) liegt der Wirkungsgrad sogar bei über 80 Prozent, wenn man den Strom und die Wärme gleichzeitig nutzt. Konventionelle Feuerungsanlagen sind dagegen nur etwa halb so effizient.[17]

Für die Energiewende ist Wasserstoff wichtig, weil er sich gut speichern und vielseitig einsetzen lässt. Im Gegensatz zu Strom, den man nur relativ kurz speichern kann, ist das bei Wasserstoff über lange Zeiträume möglich. Einsetzbar ist er dann in den unterschiedlichsten Wirtschaftsbereichen, ob zur Erzeugung von Energie, in der Industrie oder im Bereich der Mobilität. Wegen seiner Brückenfunktion über verschiedene Bereiche hinweg spricht man auch von Sektorenkopplung. Wenn man beispielsweise überschüssigen Windstrom nutzt, um H_2 herzustellen, und dieses Gas zu einer Wasserstofftankstelle leitet, verbindet man den Energie- mit dem Verkehrssektor. Der Wasserstoff könnte aber auch zur Direktreduktion von Eisenerz in einem Stahlwerk eingesetzt werden. Dann hätte man den Stromsektor mit dem Bereich der Industrie verbunden. Ein interessantes Projekt zur Sektorenkopplung werden wir uns im übernächsten Kapitel ansehen, das rund um die Insel Helgoland angesiedelt ist.

Und der Umweltfaktor?

Ohne klimafreundlich produzierten Wasserstoff kann die Energiewende nicht gelingen. Doch selbst wenn H_2 nur aus zusätzlichem Ökostrom erzeugt wird, gibt es noch mindestens einen weiteren wichtigen Aspekt zu beachten: den Verbrauch von Wasser!

Man muss sich also fragen, woher das Wasser kommt, das bei der Elektrolyse eingesetzt wird. Wenn es sich um Süßwasser handelt, gilt es weiter zu prüfen, ob seine Verwendung zu einer Verknappung von Trinkwasservorräten beiträgt. Und wenn das Wasser aus dem Meer stammt, was häufig der Fall ist, muss man sich bewusst machen, dass es vorab entsalzt werden muss, was allein schon ein energieaufwendiger Vorgang ist, bei dem zudem salzhaltige Rückstände entstehen, die oft auch mit Chemikalien belastet sind und entsprechend verantwortungsvoll entsorgt werden müssen.

Weil Deutschland aller Voraussicht nach den größten Teil seines Bedarfs an grünem Wasserstoff ohnehin importieren wird, sollten von vornherein Kriterien für seine ökologisch und sozial verträgliche Produktion festgelegt werden. Darauf weist beispielsweise das Öko-Institut hin: »Die Einigung auf Nachhaltigkeitskriterien kann die Investitionssicherheit für Unternehmen erhöhen und eine Grundlage für eine langfristige Anerkennung von importiertem Wasserstoff als Klimaschutzinstrument bieten.«[18] Für sonnenreiche Länder, etwa in Südeuropa, Nordafrika und im Nahen Osten, bedeutet der Export von grünem Wasserstoff eine wichtige wirtschaftliche Perspektive. In diesen Ländern mangelt es jedoch häufig an natürlichen Süßwasservorräten, weshalb Trinkwasser ohnehin durch Meerwasserentsalzung gewonnen werden muss. Damit die Erzeugung von Wasserstoff z. B. in Wüsten nicht in Konkurrenz zur lokalen Trinkwasserversorgung gerät, sollten deshalb zusätzliche, mit erneuerbaren Energien betriebene Entsalzungsanlagen gebaut werden, bei denen auch die Entsorgung belasteter Rückstände sichergestellt ist (je sauberer die Meere, desto weniger aufwendig dieser Schritt, aber das nur am Rand).

Das Meer und die notorisch »steife Brise« an Deutschlands Küsten spielen auch eine zentrale Rolle im nächsten Kapitel, wo es um das »Reallabor« in den Bundesländern Schleswig-Holstein, Mecklenburg-Vorpommern und Hamburg geht – eines der groß angelegten Pionierprojekte der Energiewende.

Kapitel II

Brückenschlag: Mehr Energieeffizienz durch Sektorenkopplung

1. Das Norddeutsche Reallabor: Regionale Wirtschaft mit grünem Wasserstoff

Schon heute könnte Norddeutschland seinen Strombedarf allein aus erneuerbaren Energien decken – zumindest bilanziell. Schleswig-Holstein und Mecklenburg-Vorpommern erzeugen mehr Ökostrom, als sie selbst verbrauchen.»2020 waren es für beide Länder zusammen rein rechnerisch 130 bis 160 Prozent ihres Strombedarfs«, erklärt mir Werner Beba, Leiter des Competence Center für Erneuerbare Energien und EnergieEffizienz an der Hochschule für Angewandte Wissenschaften (HAW) Hamburg, bei einem Interview im Herbst 2021. Die windreichen Küstenländer an Nord- und Ostsee generieren bekanntlich viel Windstrom. Und ihr Nachbar Hamburg – die zweitgrößte Stadt Deutschlands und ein bedeutender Industriestandort – verschlingt jede Menge Energie. Gute Voraussetzungen also für eine Energiepartnerschaft zwischen diesen drei norddeutschen Bundesländern – und für den Aufbau einer regionalen Wasserstoffwirtschaft. Bislang war die Energiewende vor allem eine

Stromwende, fährt Professor Beba fort. Das reicht aber nicht aus: »Die Energiewende ist erst vollendet, wenn auch die anderen Bereiche unserer Gesellschaft – Industrie, Mobilität und Wärme – klimaneutral werden.« Dass das eine gewaltige Herausforderung und Kraftanstrengung wird, darüber sind sich wohl alle Experten einig. Auch Werner Beba gibt mit Blick auf die für 2045 angestrebte Treibhausgasneutralität[19] zu bedenken: »Der vollständige Umbau unseres Energiesystems ist eigentlich eine Jahrhundertaufgabe. Doch dafür bleiben uns nur noch rund 23 Jahre.«

In den 1990er Jahren ging es vor allem um die Entwicklung und den Ausbau der erneuerbaren Energien, allen voran Fotovoltaik und Windkraft, aber auch Biomasse und, falls vorhanden, Wasserkraft. Die Effizienz und die Anzahl der Anlagen nahmen zu, dadurch stieg ihr Anteil an der Stromerzeugung. Doch je mehr Elektrizität die dezentralen Ökoanlagen ins Netz einspeisten, desto mehr musste man sich um deren Integration in ein System kümmern, das auf Kohle- und Atomkraftwerke ausgelegt war. Zu dieser Integration gehört ein grundsätzliches Umdenken: Im Vordergrund steht nicht mehr vor allem die Abdeckung der Grund- und Spitzenlast, sondern man versucht, den Strom möglichst dann zu nutzen, wenn er erzeugt wird. Es ist also der Übergang von einem vorrangig verbrauchsorientierten System zu einem erzeugungsgeführten. Das setzt allerdings Verhaltensänderungen auf ganz unterschiedlichen Ebenen und in allen Bereichen der Gesellschaft voraus: von der Industrie bis hin zu den Haushaltskunden.

Teile der Industrie unterstützen dieses angebotsorientierte System bereits durch flexibles Lastmanagement: Wenn es möglich ist, verschieben sie energieintensive Prozesse auf Zeiten, zu denen Wind- oder Solaranlagen viel Strom einspeisen. Doch für eine konsequente Systemintegration müssen auch die Speicher und Netze weiter ausgebaut werden. Und wir brauchen neue Markt- und Geschäftsmodelle, etwa für Regelenergie und andere Systemdienstleistungen, die bislang die konventionellen Kraftwerke erbringen. Die gute Nachricht lautet: Technisch ist es im Prinzip möglich, das fossile Energiesystem auf ein erneuerbares umzustellen, und es gibt dazu auch schon erprobte Ideen, die nicht zuletzt durch die zunehmende Digitalisierung und Blockchain-Technologie überhaupt erst möglich werden. Bislang hapert es aber an der Umsetzung, an der Geschwindigkeit des Ausbaus von erneuerbaren Energien, und es mangelt an einem regulatorischen Rahmen, der marktwirtschaftliche Anreize für die neuen Geschäftsmodelle schafft.

Während rund die Hälfte des Stroms bereits aus erneuerbaren Energien stammt, lässt die Energiewende in anderen Wirtschaftsbereichen auf sich warten: Ob bei der Erzeugung und Nutzung von Wärme im Gebäudebereich, im Verkehrssektor und in weiteren Teilen von Industrie und Gewerbe – noch immer müssen fast alle Sektoren erhebliche Mengen an Treibhausgasen einsparen. Und dazu brauchen wir nicht nur einen sparsameren Umgang mit Energie und eine ständig steigende Energieeffizienz, sondern mindestens ebenso den Übergang zu einer Kreislaufwirtschaft und zu grünem Wasserstoff als Energieträger und Speichermedium. Zudem brauchen wir weitere Speichertechnologien, die es uns ermöglichen, Energie nicht nur kurz, sondern auch über längere Zeiträume vorrätig zu halten, etwa während der Sommermonate für den kommenden Winter.

Um Energie grundsätzlich besser nutzen zu können, ist es außerdem notwendig, die Bereiche Strom, Wärme, Verkehr und Industrie miteinander zu verknüpfen – die sogenannte Sektorenkopplung. Auch dafür ist es notwendig, Wasserstoff mit Hilfe von Ökostrom zu erzeugen.

Manche der Bereiche, die in Zukunft ohne Kohle, Erdöl und Erdgas auskommen sollen, können direkt auf Ökostrom umgestellt werden, etwa wenn ein Verbrennerauto durch ein Elektroauto ersetzt wird oder eine Ölheizung durch eine Wärmepumpe. In anderen Bereichen hingegen ist die direkte Nutzung von Ökostrom – die CO_2-neutrale Elektrifizierung – nicht möglich. Im Schwerlast-, Schiffs- und Flugverkehr auf der Langstrecke können die Treibhausgasemissionen nur reduziert werden, indem Ökostrom indirekt eingesetzt wird, zum Beispiel durch die Nutzung von auf Wasserstoff basierenden synthetischen Treibstoffen (E-Fuels).

Wie der Brückenschlag vom Stromsektor zur Industrie, Mobilität und Wärme funktionieren kann, soll das Forschungsprojekt Norddeutsches Reallabor (NRL) zeigen. Darin haben sich rund 50 Partner aus Wissenschaft, Wirtschaft und Politik zusammengeschlossen, mit dem Ziel, ein Energiesystem zu erproben, das den Kohlendioxidausstoß bis zum Jahr 2035 um 75 Prozent reduziert (verglichen mit dem Basisjahr 1990). Es ist eines der größten Reallabore der Energiewende, die vom Bundesministerium für Wirtschaft und Klimaschutz (BMWK) gefördert werden.[20]

Sechs Millionen Menschen leben in der Modellregion des Norddeutschen Reallabors, zu der Schleswig-Holstein, Mecklenburg-Vorpommern und Hamburg gehören. Zugleich beherbergt diese Region einen der größten Industriestandorte

Europas, deshalb geht es in dem Projekt auch darum, die Wertschöpfung und die Arbeitsplätze der lokalen Betriebe zu sichern. Im Jahr 2020 war die Industrie für rund 24 Prozent der Treibhausgasemissionen verantwortlich.[21] »Wenn man hier den Hebel ansetzt, um die Emissionen zu senken, erzielt man bereits eine große Wirkung«, sagt Werner Beba, der Projektkoordinator des Norddeutschen Reallabors. Vergleichbares gelte aber auch in den Bereichen Wärme und Mobilität, die ebenfalls viel Energie verbrauchen. »Wir zeigen, wie industrielle Prozesse mit Hilfe von grünem Wasserstoff klimaneutral werden können. Zum Beispiel in der Metallindustrie, wo Wasserstoff Erdgas als Reduktionsmittel ersetzt.«

Anders als der Name »Reallabor« vielleicht vermuten lässt, befindet sich das Ganze nicht an einem Ort, sondern an vielen unterschiedlichen Orten über die gesamte norddeutsche Modellregion verteilt. Es geht ja um Prozesse an realen Orten, wie Industrie- und Gewerbebetriebe, kommunale Unternehmen oder Forschungseinrichtungen, und deshalb finden auch dort die Praxistests statt, wo die Beteiligten – eben jene rund 50 Partner – ihren Sitz haben.

Ein weiterer Schwerpunkt in der Arbeit des Reallabors sind emissionsfreie Fahrzeugflotten: »Im Rahmen des Norddeutschen Reallabors planen wir, rund 200 Fahrzeuge mit Brennstoffzellen in Betrieb zu nehmen, und zwar aus sehr unterschiedlichen Fahrzeugklassen«, so Beba. Dazu gehören außer Pkw und Lkw auch Busse sowie Wagen der Müllabfuhr und Straßenreinigung. Um diese mit dem notwendigen Kraftstoff zu versorgen, werden außerdem neue Wasserstofftankstellen errichtet, darunter auch solche mit einer Druckstufe von 350 bar, die für Schwerlastfahrzeuge notwendig ist.

Norddeutschland eignet sich als Modellregion für die Sektorenkopplung auch deshalb besonders, weil es neben der Windenergie und stark industrialisierten Zentren auch einen weit fortgeschrittenen Netzausbau mitbringt. Mit ihren leistungsstarken Knotenpunkten im Elektrizitätsnetz verfügt die Region damit über alles, was es braucht, um grünen Wasserstoff aus überschüssigem Strom vor Ort selbst zu erzeugen und dadurch zugleich Netzengpässe zu reduzieren. Die konsequente Reduktion von Netzengpässen ermöglicht es z. B. allein dem Land Schleswig-Holstein, rund 550 Millionen Euro im Jahr an Kosten für das Einspeisemanagement – also die Entschädigung für Ökostromproduzenten, wenn deren Strom nicht ins Netz eingespeist werden kann – einzusparen. Zudem müssen Netzkapazitäten weniger stark ausgebaut werden als in anderen Regionen, was die Kosten ebenfalls senkt.

Wie die Systemintegration und die Sektorenkopplung im Norddeutschen Reallabor funktionieren können, wird eine Reihe von Projekten zeigen. Dazu gehören acht Anlagen, die Wasserstoff mit einer Leistung von insgesamt 42 Megawatt erzeugen sollen. Im Bereich Wärme untersuchen die Teilnehmer anhand von drei Projekten, wie sich die Abwärme von Industriebetrieben oder aus der Müllverwertung nutzen lässt. Allein aus diesen Quellen rechnen die Projektteilnehmer mit einem Ertrag von 700 Gigawattstunden pro Jahr. Die Abwärme der Müllverwertungsanlage Borsigstraße in Hamburg trägt bereits zur Wärmeversorgung der Metropole bei und mindert somit ihren CO_2-Ausstoß. Ab Ende 2023 wird jedoch eine noch effizientere Anlage im Rahmen des Norddeutschen Reallabors installiert: Sie soll 104 000 Tonnen Kohlendioxid pro Jahr einsparen, wobei nicht mehr Müll verbrannt wird als vorher, sondern vielmehr die Wärme aus dem Rauch zurückgewonnen, der unvermeidlich durch den Schornstein rauscht. Diese Wärme, mit einer Kapazität von rund 350 000 Megawattstunden pro Jahr, wird ausgekoppelt und dann direkt ins Fernwärmenetz eingespeist.[22] Auch das ist bislang bundesweit einzigartig.

Mit Wasserstoff als Schlüsselmedium lässt sich also eine komplette lokale Wertschöpfungskette aufbauen. Wichtig ist nur, keine Zeit mehr zu verlieren, sondern jetzt sofort zu beginnen und die Weichen zu stellen. Und genau das tun etliche Industrieunternehmen der Modellregion. In Hamburg beispielsweise plant die HanseWerk-Gruppe den Bau und Betrieb eines Elektrolyseurs mit einer Leistung von 25 Megawatt. Dieser soll dann grünen Wasserstoff im großtechnischen Maßstab erzeugen, welcher überwiegend für den Einsatz in einer verfahrenstechnischen Anlage eines Industriebetriebs eingeplant ist.

Im Rahmen des Norddeutschen Reallabors soll in und um Hamburg herum eine zentrale Drehscheibe für die Erzeugung, Speicherung, den Transport und Verbrauch von grünem Wasserstoff entstehen. So kann das CO_2-neutrale Gas weiteren industriellen Anwendungen in der Hansestadt dienen, z. B. bei der Herstellung von chemischen Verbindungen oder der Reduktion von Metallen.

Neben dieser stofflichen Nutzung soll der Wasserstoff auch energetisch eingesetzt werden, etwa indem er zunächst dem Erdgas beigemischt wird und es später ganz ersetzen soll. Zudem werden die bei der Wasserspaltung entstehenden Nebenprodukte – Wärme und Sauerstoff – weiter verwertet. Diese Nutzung reduziert die Treibhausgasemissionen noch weiter.[23]

Auch der Flughafen Hamburg beteiligt sich an der Forschung für das Norddeutsche Reallabor. So wird auf seinem Gelände ein Elektrolyseur mit einer Leistung von einem halben Megawatt errichtet, um dort grünen Wasserstoff herzustellen. Damit können dann die eigenen Logistikfahrzeuge versorgt werden, wie z. B. die Schlepper für den Gepäcktransport und die Busse, die Passagiere befördern. Für das Projekt sollen zehn solcher Schlepper und vier Busse mit Brennstoffzellen betrieben werden. Der Strom für die Wasserstoffproduktion kommt dann laut Plan von einer eigens dafür auf dem Dach installierten Fotovoltaikanlage.[24]

Ganz neu ist die Idee der Sektorenkopplung nicht: Eine Art Vorläufer des Norddeutschen Reallabors war NEW 4.0 – wobei NEW für Norddeutsche Energiewende stand.[25] Auch dieses Großforschungsprojekt hatte Werner Beba koordiniert und mit großem Engagement vorangetrieben. 2008 wurde der promovierte Wirtschafts- und Organisationswissenschaftler als Professor an die HAW Hamburg berufen, um am Wirtschaftsdepartment den Lehrstuhl für Marketing zu übernehmen. Nur wenige Monate später gründete er dort das Competence Center für Erneuerbare Energien und Energie-Effizienz (CC4E), das er bis heute leitet. Im Jahr 2015 kam der Energiecampus im Stadtteil Bergedorf dazu, ein Technologiezentrum mit eigenem Windlabor, Forschungswindpark sowie einem direkt an das Windparknetz angeschlossenen Speicherregelkraftwerk. Auch das ist einzigartig für eine Hochschule in Deutschland. Interdisziplinär erproben die Wissenschaftler auf dem Energiecampus in der Praxis, wie sich die Erneuerbaren in das Energiesystem integrieren lassen und wie mit Hilfe von Speichern und Sektorenkopplung das Ziel der CO_2-Neutralität erreicht werden kann.

Im Rahmen dieses NEW-4.0-Projektes also wurde im Sommer 2019 im schleswig-holsteinischen Brunsbüttel der erste Elektrolyseur in Betrieb genommen, der Wasserstoff direkt ins Erdgasnetz einspeist. Zudem versorgt er eine nahe gelegene Wasserstofftankstelle. Die Anlage macht es möglich, auch in windreichen Zeiten den von Windrädern erzeugten Strom zu speichern oder zu nutzen. Zuvor wurden die Windräder abgeschaltet, wenn eine Netzüberlastung drohte. Der Elektrolyseur mit 2,4 Megawatt Leistung hat eine Protonen-Austausch-Membran (PEM), wodurch sich die Anlage »dynamisch fahren lässt«, was bedeutet, dass die Betreiber sehr schnell auf Veränderungen in der Netzauslastung reagieren können. Der Ökostrom für die Wasserspaltung per Elektrolyse stammt aus dem eigenen Windpark, den das Dithmarscher Unternehmen Wind2Gas Energy im Jahr 2017 nördlich von Brunsbüttel errichtete. Er besteht aus fünf Windkraftanlagen mit einer Gesamtleistung von 15 Megawatt. Eine rund sechs Kilometer lange Kabeltrasse leitet den Strom zum Elektrolyseur; ein Abschnitt läuft bis zu 27 Meter tief unter dem Nord-Ostsee-Kanal hindurch. In Spitzenzeiten kann die Anlage bis zu 450 Kubikmeter Wasserstoff pro Stunde produzieren. Das entspricht rund 40 Kilogramm. Ein E-Auto mit Brennstoffzelle käme damit 4000 Kilometer weit.

Der hier produzierte Wasserstoff wird vorrangig ins öffentliche Erdgasnetz eingespeist. Dafür hat der lokale Betreiber, die Schleswig-Holstein Netz AG, eine Gasverdichterstation gebaut. Durch die Zusammenarbeit der lokalen

Unternehmen bzw. Netzbetreiber soll es möglich werden, Strom- und Gasnetze intelligent aufeinander abzustimmen. Außerdem wird, wie ebenfalls an anderen Orten in Deutschland, die vorhandene Erdgasinfrastruktur für die Aufnahme eines höheren Wasserstoffanteils fit gemacht.

Die Elektrolyseanlage zur Spaltung von Wasser in Sauerstoff und Wasserstoff befindet sich auf dem Industriegelände von Covestro, einem der weltweit größten Polymer-Hersteller, der z. B. die Automobil-, Bau- und Möbelindustrie beliefert. Ein weiterer möglicher Abnehmer für das vielseitig verwendbare H_2 könnte in Zukunft ein Düngemittelproduzent ganz in der Nähe sein, der Wasserstoff zur Herstellung von Ammoniak braucht. »Die Herstellung von Ammoniak benötigt große Mengen Wasserstoff«, erklärte Tim Brandt im Jahr 2019, damals Geschäftsführer von Wind2Gas Energy.[26] »Aber wirtschaftlich ist das leider noch nicht realisierbar, obwohl die Technik ausgereift ist – und sich auch in zehnfach größeren Anlagen nutzen ließe.« Weil für das Einspeisen des selbst produzierten Windstroms in den Elektrolyseur Steuern und Umlagen des EEG-Gesetzes gezahlt werden müssen, rentierte sich das Ganze nicht. »Obwohl wir Windstrom umwandeln, der sonst verpuffen würde, werden wir durch die EEG-Umlagen bestraft«, sagte Brandt kopfschüttelnd. Logisch nachvollziehbar sei so eine Politik nicht, sie verkörpere eher das Prinzip »linke Tasche, rechte Tasche«: Was ich auf der einen Seite an Steuern und Abgaben einnehme, gebe ich auf der anderen Seite durch Fördermittel wieder aus. Der Elektrolyseur konnte somit nur als Demonstrationsvorhaben laufen, mit Hilfe finanzieller Unterstützung vom Bund im Rahmen des Großprojektes Norddeutsche Energiewende. Unternehmer wie Tim Brandt entwickeln aber lieber ein eigenes Geschäftsmodell, als von staatlicher Zuwendung abhängig zu sein.

Im Juni 2020 übernahm die Kraftwerke Mainz-Wiesbaden AG (KMW) diese Wasserstoffanlage[27] und beteiligte sich am Norddeutschen Reallabor. Darin hat der 2,4-Megawatt-Elektrolyseur eine neue Aufgabe bekommen: Eingebunden in ein Wasserstoffnetz für die Industrie, erprobt das Unternehmen,[28] wie man die Großbetriebe der Umgebung flexibel mit grünem Wasserstoff beliefern kann, also vorzugsweise dann, wenn viel Wind weht. Das heißt, die Betriebe müssen ihre Prozesse möglichst so einstellen, dass sie die Windprognosen in ihrer Planung berücksichtigen und im Vorfeld kalkulieren, wann ihnen voraussichtlich welche Mengen an grünem Wasserstoff zur Verfügung stehen.

Mit Hilfe des Power-to-Gas-Verfahrens wird Strom in speicherbares H_2-Gas umgewandelt, sodass der erzeugte Ökostrom auch wirklich genutzt wird: Entweder wird er für eine spätere Anwendung gespeichert oder gleich in den Bereichen Industrie und Mobilität verwertet. Oder eben beides, denn nun lassen sich Produktion und Verbrauch von Strom zeitlich und räumlich entkoppeln. Deshalb sollen Windkraft und Wasserstoff in Schleswig-Holstein zukünftig noch mehr miteinander kombiniert werden.

Das Norddeutsche Reallabor will aufzeigen, wie Deutschland insgesamt seine Klimaziele erreichen kann. Das ist angesichts des geplanten Ausstiegs aus der Atom- und Kohleenergie noch ambitionierter als in anderen europäischen Ländern. Und gerade deshalb wird der deutsche Sonderweg im Ausland mit großem Interesse beobachtet. »Mit den im Norddeutschen Reallabor geplanten Vorhaben werden wir ab dem vierten Projektjahr [das Projekt läuft von 2021 bis 2026] zwischen 350 000 und 500 000 Tonnen Kohlendioxid-Ausstoß pro Jahr einsparen«, sagt Projektkoordinator Werner Beba und ist darüber sichtlich froh. »Das ist ein wichtiger Schritt auf dem Weg zur Klimaneutralität, und wir wollen damit Nachfolgeprojekte auslösen.«

Werner Beba engagiert sich nicht nur seit Jahren für die Energiewende, er lebt sie geradezu. Ganz gleich, ob er vor Politikern oder Wirtschaftsvertretern spricht oder Bürger im Rahmen von öffentlichen Veranstaltungen über die aus rund 100 Einzelprojekten bestehende Norddeutsche Energiewende informiert, immer ist ihm die Begeisterung für das Thema anzumerken. Und er versteht es, sich auf sein Gegenüber einzulassen, je nachdem, ob er es mit Experten oder Laien zu tun hat. Da ist er noch ganz der Kommunikationsprofi aus seinem früheren Leben: Fast 18 Jahre war er im Verlag Gruner + Jahr in leitender Position tätig. »Innovationen zu starten, war mir immer wichtig«, sagt der Mittsechziger im Rückblick auf seine Zeit in der Medienbranche und seine Motivation bis heute.

Es gibt derzeit viele Pläne, Visionen und Projekte zu grünem Wasserstoff, sowohl in Deutschland als auch in anderen Ländern. Etliche dieser Projekte planen mit einem längeren Zeithorizont, die Umsetzung wird dauern. Das Norddeutsche Reallabor kann hingegen auf die Erfahrungen der Norddeutschen Energiewende (NEW 4.0) zurückgreifen, z.B. die durchgeführten Feldtests. Hier hat die Umsetzung schon begonnen. »Wir zeigen im industriellen Maßstab, wie eine wasserstoffbasierte Sektorenkopplung funktionieren kann, von der Erzeugung über den Transport und die Speicherung bis hin zum Verbrauch«, sagt Werner Beba. »Dabei betrachten wir das gesamte System, über alle Sektoren hinweg. Nicht nur Strom, sondern auch Industrie, Wärme und Mobilität.«

Ähnlich breit angelegt ist eine Unternehmung im äußersten Nordwesten Deutschlands, die zugleich das Leben einer ganzen Insel im Sinne des Klimaschutzes umkrempeln wird: das AquaVentus-Projekt auf Helgoland und um Helgoland herum.

2. Grüner Wasserstoff auf dem Meer: Das AquaVentus-Projekt vor Helgoland

Wenn im Jahr 2026 auf Helgoland der rot-weiße Gittermastschornstein fällt, dann hat das Wasserstoffzeitalter dort bereits begonnen. Die charakteristische Landmarke,[29] die seit den 1960er Jahren auf jeder Luftaufnahme der Nordseeinsel zu sehen ist, symbolisiert die fossile Ära mit Ölheizkesseln und Dieselgeneratoren. Und genau die werden auf dem Eiland in der Deutschen Bucht ab dem Moment überflüssig sein, in dem es gelingt, die Wärmeversorgung auf emissionsfreie Energieträger umzustellen. Grüne Wärme für den roten Felsen – gar nicht so einfach. Und doch, wenn das Wirklichkeit wird, geschieht es fast ein wenig »nebenbei«. Das kleine Helgoland soll nämlich Dreh- und Angelpunkt für eine viel kühner klingende Vision werden: auf dem Meer große Mengen an grünem Wasserstoff zu produzieren. Eine Million Tonnen pro Jahr. Bis 2035 soll es so weit sein.[30]

Das hat sich eine überwiegend privatwirtschaftlich getragene Initiative unter dem Namen AquaVentus zum Ziel gesetzt, die 2020 gegründet wurde. Gedacht war das Projekt eigentlich kleiner, aber bald merkten die Planer: »Es muss richtig groß werden, sonst lohnt sich das nicht«, erzählt Jimmie Langham, Geschäftsführer von AquaVentus. »Je größer, desto rentabler.« Das ist noch einfach nachzuvollziehen, schließlich gilt auch für andere Bereiche, dass sich durch Skalierung, also z.B. die Herstellung eines Produktes im industriellen Maßstab, die Stückkosten erheblich senken lassen. Trotzdem: Um dieses Ziel zu erreichen, müssen die rund 90 Mitglieder der Initiative technische und organisatorische Voraussetzungen schaffen, die mit einem gewaltigen Aufwand verbunden sind. Was, so Langham, vor allem bedeutet, »mit Hilfe von Offshore-Windenergie draußen auf dem Meer eine Erzeugungsleistung von zehn Gigawatt aufzubauen«. Das ist etwa so viel, wie zehn Atomkraftwerke erbringen.[31] Mit dieser Dimension gehört AquaVentus zu den weltweit größten Industrievorhaben für grünen Wasserstoff.

Noch ist auf der Buntsandsteininsel nicht viel davon zu sehen. Besucher spazieren wie eh und je auf dem Oberland, begleitet vom Chor der Möwen. Naturkundlich Interessierte beobachten am Vogelfelsen Trottellummen und majestätisch wirkende Basstölpel, die mit elegant ausgebreiteten Schwingen über dem Felsen ihre Kreise ziehen. Aus der mit Teleobjektiven und Ferngläsern hergestellten Nähe beeindrucken die großen, überwiegend weißen Vögel durch flirrend blaue Augen, die von einem markanten »Lidstrich« umrahmt sind. Auf der kleinen Insel Düne aalen sich weiterhin Seehunde und Kegelrobben am Strand, eine Attraktion vor allem für Familien. »Daran wird sich auch nichts ändern«, versichert Jörg Singer, seit 2011 Bürgermeister von Helgoland[32] und ein »absoluter Insel-Fan«. Als Vorstandsvorsitzender des Fördervereins von AquaVentus engagiert er sich ehrenamtlich für die Wasserstoffinitiative. »Die Natur ist die rote Linie«, sagt er. Da werde man keine Abstriche machen. Die Schönheit der Natur zu beeinträchtigen, könne nicht im Sinne der Planer sein. Zumal die zoologischen Attraktionen ein nicht unwesentlicher Grund für den Besuch auf der gefühlten Hochseeinsel sind.[33] Im Jahr 2019, also bevor durch die Pandemie alle touristischen Aktivitäten einbrachen, kamen 380 000 Gäste. Doch nun sieht es so aus, als stünde den »freiheitsliebenden Insulanern«, so Singer, ein Umbruch technologischer Art bevor.

Umbrüche haben die Helgoländer aufgrund ihrer wechselvollen Geschichte – phasenweise unter dänischer, britischer und preußischer Herrschaft – schon einige erlebt. In der Vergangenheit mauserte sich die Insel vom Seeräubernest zum Seebad, war Sommerfrische für Adelige und Künstler und diente als Handels- und Marinestützpunkt. Ende des 19. Jahrhunderts trat Kaiser Wilhelm II. an Großbritannien Kolonialansprüche in Afrika im Tausch gegen Helgoland ab. In der ersten Hälfte des 20. Jahrhunderts war die Insel Kriegsschauplatz, und nach einem verheerenden Bombardement der Royal Air Force im April 1945 mussten alle Einwohner die Insel verlassen. Zwei Jahre später sprengten die Briten die deutschen Bunkeranlagen und nutzten die Insel bis zur Rückgabe Helgolands an Deutschland für Militärübungen.[34] Nach dem Wiederaufbau wurde die nur 1,7 Quadratkilometer[35] große Insel vor allem durch sogenannte Butterfahrten bekannt: Der zollfreie Einkauf von Spirituosen, Zigaretten und Zigarren lockte Tagestouristen.

Anfang des neuen Jahrtausends war dann aber »Schluss

mit der Butterfahrt-Dynastie. Die Einnahmen brachen zusammen, die Immobilienwerte lagen am Boden. Die Gästezahl schrumpfte im Jahr 2008 auf 288 000. Ein Tiefststand«, erinnert sich Jörg Singer. Windenergie war für den Bürgermeister und studierten Wirtschaftsingenieur die Rettung: Der rote Fels in der Nordsee wurde zu einem Stützpunkt für die Betreiber von Offshore-Windparks. Deren Windräder sieht man seitdem vom Oberland aus wie eine lange Kette am Horizont stehen, wenn auch aus dieser Perspektive klein wie Spielzeug. Und die Ansiedelung der neuen Branche brachte der Gemeinde Einnahmen in Millionenhöhe.

Stürmische Winde, raue See – vor allem das Winterhalbjahr beschert Betreibern von Offshore-Windrädern eine hohe Ausbeute an Strom. Aber auch außerhalb der Saison bläst der Wind relativ zuverlässig. Jedes Jahr braucht Deutschland mehr Ökostrom, wenn es Autos überwiegend elektrifizieren und bis 2045 klimaneutral sein will. Deswegen plant die Ampelkoalition neben mehr Solaranlagen auch mehr Windräder an Land und auf dem Meer. Doch wie soll der Offshore-Strom zum Festland gelangen? Für die neuen Windparks müssten neue Leitungen gelegt werden, die viel Strom über weite Strecken transportieren. Das geschieht normalerweise per Hochspannungs-Gleichstrom-Übertragung (HGÜ), um die Energieverluste so gering wie möglich zu halten.[36] Doch HGÜ-Leitungen sind teuer, ihre Herstellung und Verlegung ist aufwendig. Für die AquaVentus-Initiative gilt nicht zuletzt das als ein schlagendes Argument für grünen Wasserstoff, denn der kann per Pipeline an Land transportiert werden. Eine einzige Pipeline würde schon ausreichen, um den vor Helgoland produzierten Wasserstoff weiterzuleiten, haben die Planer ausgerechnet. Eine Pipeline statt fünf HGÜ-Leitungen – das bedeutet nicht nur eine gewaltige Kosteneinsparung, sondern auch weniger Eingriffe in den ökologisch einzigartigen Wattenmeer-Lebensraum der Nordsee – immerhin Weltnaturerbe der Menschheit.

»Fünf HGÜs kosten circa 14 Milliarden Euro«, sagt Aqua-Ventus-Geschäftsführer Jimmie Langham. »Eine Pipeline dagegen zwei bis vier Milliarden. Für die Pipeline läuft gerade eine Machbarkeitsstudie, um die Kosten genauer bestimmen zu können.« Unabhängig von der Klärung dieser Frage existiert schon ein detaillierter, deutlich bis in die 2030er Jahre hinein reichender Plan, wie Helgoland zum zentralen Produktions- und Umschlagplatz von grünem Wasserstoff werden kann.

Geplant sind modulartig aufeinander abgestimmte Teilprojekte, die durch unterschiedliche Unternehmen realisiert werden sollen. Die Projekte bzw. Bauabschnitte tragen lateinische Namen, beginnend mit AquaPrimus. Umgesetzt wird dieses Teilprojekt auf der Ostseeinsel Rügen. Dort, im nordöstlich gelegenen Hafen Sassnitz-Mukran, wird der Energiekonzern RWE ab 2023 den Prototyp eines Offshore-Monopfahls zur Wasserstoffherstellung im Rahmen von AquaVentus errichten.[37] Im Prinzip ist das der Turm einer Windkraftanlage, der im unteren Teil eine Plattform erhält, worauf Anlagen zur Wasserspaltung installiert werden. Diese Elektrolyseure sollen zusammen eine Kapazität von 14 Megawatt ergeben.

Die Wahl des Hafens von Rügen hat rein praktische Gründe, weil ein Teil der benötigten Infrastruktur schon vorhanden ist: Dort wurden vor einigen Jahren die Windkraftanlagen für den Offshore-Windpark Arkona vormontiert.

Der Vorteil des Hafengeländes liegt zudem darin, dass der »Elektrolyseur von der Kaikante aus zugänglich ist« und direkten Zugang zum Wasser hat, wie Langham sagt. Am Anfang handelt es sich also buchstäblich um Trockenübungen, allerdings mit dem Ziel, die Wasserspaltung nach der Testphase auf dem Meer stattfinden zu lassen. Unter naturgemäß widrigen Bedingungen: Wind und Wellen, Regenschauer und Salzwasser, spritzende Gischt, Kälte oder Hitze – da muss jede Art von Mechanik und insbesondere Mikroelektronik gut geschützt werden.

Und das braucht eine gründliche Erprobung: Wasserspaltung in maritimer Umgebung gibt es bislang nämlich noch nicht, schon gar nicht in dieser Größenordnung. Bislang wird grüner Wasserstoff an Land erzeugt, mit einer Leistung von jeweils wenigen Megawatt pro Anlage. Außerdem kann Meerwasser nicht direkt gespalten werden, man braucht also für einen zukünftigen Einsatz auf der Nordsee an den Elektrolyseur gekoppelte Entsalzungsanlagen. Auch das ist neu, und genau diese Art von Innovation wird künftig im Fährhafen von Sassnitz entwickelt und erprobt.

Ab 2025 beginnt laut Plan die zweite Phase von Aqua-Primus, und dann geht's nach Helgoland beziehungsweise auf die offene See: Zwei solcher 14-MW-Pilotanlagen zur Wasserspaltung sollen dann zusammen mit zwei Offshore-Windrädern voraussichtlich rund 20 Kilometer nordwestlich von Helgoland installiert werden, am Rande der 12-Seemeilen-Zone.[38] Der Windstrom geht direkt in die modular aufgebauten Elektrolyseure, die auf der Plattform am Turm der Windkraftanlage stehen werden. Eine Pipeline wird das dort erzeugte grüne Wasserstoffgas in den Südhafen von Helgoland transportieren. »Die Elektrolyseure werden nicht ans

Stromnetz angeschlossen, sondern arbeiten autark«, erklärt Langham. Auf diese Weise testen die Betreiber eine dezentrale Wasserstoffproduktion. »Nach einem Jahr Probebetrieb sollen die Pilotanlagen serienreif sein, sodass sie kommerziell weltweit vermarktet werden können.« Die zwei 14-MW-Anlagen gehen dann in den Regelbetrieb über, damit die »Dekarbonisierung Helgolands« beginnen könne. Pro Jahr sollen beide Anlagen zusammen bis zu 2500 Tonnen grünen Wasserstoff erzeugen, der über eine neue Pipeline abtransportiert wird.[39] Diese neue Pipeline gehört zum nächsten Teilprojekt, AquaDuctus genannt, und soll, wie erwähnt, fünf HGÜ-Leitungen ersetzen. Wenn das alles gut funktioniert, soll sie später einmal den Großteil des Nordseewasserstoffs zum Festland transportieren. Erst mal jedoch beginnt es mit einer zehn Kilometer langen Pipeline, die das im Küstenmeer der Insel Helgoland klimaneutral erzeugte Gas zu einem Testfeld des Fraunhofer-Instituts für Fertigungstechnik und Angewandte Materialforschung (IFAM) in der Nordsee bringt.

Dieses in Europa einzigartige Testgebiet für maritime Anwendungen ist drei Quadratkilometer groß und 45 Meter tief. Seit Frühjahr 2020 untersuchen Forscher dort in Kooperation mit der Industrie zum Beispiel autonome Unterwasserfahrzeuge und Flugsysteme. Als Teilprojekt mit dem Namen AquaCampus erkunden Wissenschaftler dort auch zwei neuartige Fundamente für Offshore-Plattformen. Eine der beiden Plattformen dient wiederum AquaDuctus als Mess- und Regelstation. Diese steuert beispielsweise die Weiterleitung des von AquaPrimus erzeugten Wasserstoffs nach Helgoland. Auf dem Testfeld kümmern sich Spezialisten außerdem um die Optimierung von Pipelines und untersuchen neuartige Methoden, um das grüne Gas eines Tages unter Wasser speichern zu können. »Die mobile Robotik besitzt das Potenzial, industrielle Messverfahren und Reparaturarbeiten für den Offshore-Einsatz zu revolutionieren«, verkündete das Fraunhofer IFAM anlässlich der Inbetriebnahme des Testfelds. »Damit können aufwendige Wartungsarbeiten unter und über Wasser durch innovative Verfahren mit geringerem Energie- und Zeitaufwand ersetzt werden.«[40]

Der sprechenden Namen damit aber noch nicht genug. AquaPortus heißt das nächste Projekt, das sich damit beschäftigt, wie der Wasserstoff, der nach Helgoland mit seinen rund 1500 Einwohnern gelangt, nach und nach für den Ausstieg aus fossilen Energien eingesetzt werden kann. Dieses Teilprojekt wird von Christoph Tewis geleitet. Der Bauingenieur, der sich auf Hafeninfrastruktur und Projektmanagement spezialisiert hat, führt in diesem Bereich ein eigenes Unternehmen in Hamburg-Harburg. Dort empfängt er mich gut zwei Wochen vor Heiligabend 2021 zu einem Gespräch. Auch diese erste Begegnung findet unter Corona-Bedingungen statt, mit Omikron im Anmarsch. Als er mir die Tür zu seinem Büro öffnet, stehen sich also zwei Fremde mit von FFP2-Masken halb verdeckten Gesichtern gegenüber. Statt Handschlag desinfiziere ich meine Hände am Eingang der Geschäftsräume. Alle Büros sind leer, die Mitarbeiter im Homeoffice.

Der Projektkoordinator führt mich in den Konferenzraum, wo wir bei geöffnetem Fenster an einem langen Tisch Platz nehmen und den Abstand als groß genug empfinden, um die Masken abzunehmen. Ein wenig umständlich, aber wie bei vielen Gesprächen für dieses Buch bin ich froh, überhaupt noch die Gelegenheit zu einer persönlichen Begegnung zu bekommen. Christoph Tewis erklärt mir das Projekt anhand von Bildern und Grafiken, die er von seinem Laptop aus an die Wand projiziert: der Helgoländer Vorhafen, der Südhafen, das Südhafengelände – wenn man das Ganze von oben sieht, kann man es sich besser vorstellen.

Der Ingenieur fährt mit dem Cursor über eine Luftaufnahme der Insel, damit ich genau sehen kann, wo später einmal Bauarbeiten stattfinden sollen. Im Vorhafen nämlich soll im Zuge der Molen-Sanierung eine Fläche aufgeschüttet werden. »Das schafft Platz für weitere Kaianlagen sowie für unterirdische LOHC-Speicher«, sagt Christoph Tewis. Die hier eingesetzten *Liquid Organic Hydrogen Carrier* basieren auf Erdöl[41] und sind in der Lage, Wasserstoff aufzunehmen und wieder abzugeben. LOHC sind nicht explosiv und schwer entflammbar. Darum können sie gefahrlos transportiert werden und lassen sich verlustfrei für längere Zeit speichern.[42] Die Technologie gilt als einfach und sicher.[43] Zum einen, weil Wasserstoff auf diese Weise bei Umgebungstemperatur und mit höherer Energiedichte als im gasförmigen Zustand gelagert werden kann. Zum anderen, weil die Infrastruktur für den Transport von chemisch gebundenem Wasserstoff bereits vorhanden ist: Es ist die gleiche wie für flüssige Treibstoffe.

Der auf der Nordsee im Teilprojekt von AquaPrimus erzeugte grüne Wasserstoff wird somit ab 2026 auch in LOHC-Speichern gebunden. Dabei entsteht Abwärme, die in Zukunft zum Heizen auf Helgoland genutzt werden soll. »Schon in der Anfangsphase reicht die Wärmemenge aus, um einen Großteil des Inselbedarfs zu decken«, sagt Tewis. Von daher ist er optimistisch, dass der Gittermastschornstein tatsächlich überflüssig wird, ebenso wie die Dieselgeneratoren und Dieseltanks. Und wenn das gelingt, kann die Demontage der fossilen Infrastruktur beginnen. Die Notstromversorgung wird künftig durch Brennstoffzellen abgesichert. »Die erste Phase von AquaPortus dient als ›Blaupause‹ für die Entwicklung der zweiten Ausbaustufe im Vorhafen«, so Tewis. »Am Anfang nutzen wir möglichst viele Bestandsanlagen wie den Helgolandkai, die Versorgungsbetriebe Helgoland und den Platz auf dem Südhafengelände. Damit können wir zeigen, dass LOHC ein gutes Medium ist, um grünen Wasserstoff zu speichern und zu transportieren.« Man merkt ihm an, wie sehr er für das Projekt brennt – und fürs Projektmanagement. Vielleicht auch, weil ihm die Koordination von Bauprojekten quasi in die Wiege gelegt wurde. Als ich Tewis frage, wie er in diesen Bereich gekommen ist, antwortet er, dass er schon als kleiner Junge gern mit seinem Vater – der auch Ingenieur ist – auf Baustellen ging und von den vielen verschiedenen Abläufen dort beeindruckt war.

Bei AquaPortus geht es nicht ausschließlich um Helgoland, sondern auch um weitere Forschung an LOHC als Wasserstoffträger, in Kooperation mit dem Fraunhofer IFAM und der LOHC-Firma Hydrogenious. »Wir wollen im großen Maßstab in der Praxis erproben, wie sich Wasserstoff chemisch umwandeln, speichern und nutzen lässt – sowohl auf Helgoland als auch an der Küste«, erklärt Tewis. »Unser Ziel ist es, mit Hilfe von LOHC überregionale Transportketten zu errichten, über die große Mengen an grünem Wasserstoff vom Meer zum Festland gebracht werden können.«

Das geschieht im Rahmen des TransHyDE-Projektes, das zu den Leitprojekten des Bundesministeriums für Bildung und Forschung (BMBF) gehört und von dort finanziell unterstützt wird. Auf dem Festland ist auch Hamburg Teil des BMBF-Leitprojektes, denn im Hafen der Hansestadt soll das Gegenstück zum LOHC-Speicher auf Helgoland entstehen: eine sogenannte LOHC-Dehydrieranlage, die dazu dient, den chemisch gebundenen Wasserstoff wieder freizusetzen.[44]

Auf der Nordseeinsel könnte die Hydrieranlage, um den Wasserstoff chemisch zu binden, auf dem Gelände der Versorgungsbetriebe Helgoland errichtet werden, erklärt Tewis. Die im Prozess entstehende Abwärme ließe sich gleich zu Heizzwecken verwenden, was bis zu 70 Prozent des heutigen Heizölverbrauchs einsparen würde. Das mit Wasserstoff beladene Trägeröl (LOHC+) könnte per unterirdischer Leitung in Speichertanks bis zum Südhafengelände transportiert werden. Die Projektgruppe rechnet mit einer anfänglichen Produktion von rund 2500 Tonnen Wasserstoff im Jahr aus AquaPrimus. Ein kleiner Teil davon, 700 Tonnen pro Jahr, könnte direkt genutzt werden, zum Beispiel für den Antrieb von Schiffen. Der Rest ginge in die Hydrieranlage und Speicher. Von dort gebe es wiederum verschiedene Optionen bzw. Geschäftsmodelle, erläutert Tewis: Das wasserstoffhaltige Trägeröl LOHC+ könnte per Tankschiff direkt zu einem Kunden geliefert werden, der über eine eigene Dehydrieranlage verfügt; oder ans Festland und von dort weiter per Lkw zum Endkunden; oder eben nach Hamburg, wo die Hamburger Hafen und Logistik Aktiengesellschaft (HHLA) eine große Dehydrieranlage plant. Der dabei frei werdende Wasserstoff kann in Prozessen der Chemie- oder Schwerindustrie (Stahl, Kupfer, Aluminium) zum Einsatz kommen und in H_2-Tankstellen für den Schwerlastverkehr. Bevor die HHLA so eine Anlage im industriellen Maßstab bauen lässt, erprobt sie das

Ganze derzeit erst mal anhand einer kleineren Pilotanlage (dazu mehr in Kapitel V.5).

Der im Trägeröl LOHC gespeicherte Wasserstoff könnte auch als Treibstoff für Schiffe dienen: Die Dünenfähre und die Serviceschiffe für die Windparks sollen, erklärt Christoph Tewis, auf Antriebe umgestellt werden, die auf der Basis von Wasserstoff funktionieren. Ob das mit Hilfe der Brennstoffzelle geschieht oder andere Lösungen gefunden werden, ist noch offen. Was Helgoland von der gespeicherten grünen Energie nicht selbst nutzt, kann per Schiff als LOHC+ an die Nordseeküste oder zu Nachbarinseln transportiert werden. Damit könne man zum Beispiel Sylt oder Amrum beim Ausstieg aus dem fossilen Zeitalter unterstützen.

Im Jahr 2028 soll auf der Nordsee der erste großskalige Offshore-Wasserstoffpark der Welt in Betrieb gehen. Im Zentrum des geplanten Meereswindparks mit einer Leistung von 290 Megawatt würde auf einer Plattform grüner Wasserstoff in großer Menge hergestellt. Auch das geschieht über Elektrolyseure, die bis dahin aller Voraussicht nach erheblich größere Erzeugungskapazitäten aufweisen als heute. Mit bis zu 25 000 Tonnen grünem Wasserstoff im Jahr kalkulieren die Planer für das AquaSector genannte Teilprojekt, der dann ebenfalls via Pipeline nach Helgoland transportiert und dort in LOHC chemisch gebunden werden soll.

Bis 2029 soll Helgoland zum Knotenpunkt für grünen Wasserstoff im deutschen Teil der Nordsee werden. Dafür wird in der zweiten Phase von AquaPortus ein Teil des Vorhafens aufgeschüttet, der wiederum als Schutz des Südhafens dient. »Die Molen des rund 100 Jahre alten Vorhafens müssen ohnehin saniert und erweitert werden«, sagt Christoph Tewis. Schiffsbetreiber können hier dann klimaneutrale Treibstoffe tanken, die Passagierfähren verkehren inzwischen CO_2-neutral zwischen der Insel und dem Festland. Transportschiffe versorgen die Nordseeküste mit überschüssigem Wasserstoff aus Helgoland.

Die Berechnungen zeigen, dass es auch Wärme im Überfluss geben müsste. Für ihre Nutzung sind der Kreativität keine Grenzen gesetzt: Die Überlegungen reichen von einem Thermalbad bis zu großen Gewächshäusern für den Gemüseanbau. Auf diese Weise könnte die Insel zumindest einen Teil ihrer Lebensmittel selbst produzieren – anders als heute, wo alles per Schiff angeliefert werden muss.

Ab 2030 soll die Wasserstoff-Pipeline in der Nordsee erweitert werden, bis in den sogenannten Entenschnabel hinein – so heißt der äußerste Bereich im Nordwesten der deutschen Ausschließlichen Wirtschaftszone (AWS) umgangssprachlich, weil das Gebiet von oben betrachtet mit etwas Fantasie wie ein Vogelkopf mit langem Schnabel aussieht. In der kommenden Dekade soll dann auch erstmals im Rahmen dieses Projektes die Erzeugungskapazität über ein Gigawatt und die Produktionsmenge an grünem Wasserstoff auf bis zu 100 000 Tonnen pro Jahr steigen. Im Rahmen von AquaDuctus wird die Wasserstoff-Pipeline dann auch nach Hamburg und Brunsbüttel angebunden. Die Städte unterscheiden sich zwar deutlich in ihrer Größe, sind aber beides Standorte für sehr energieintensive Industriebetriebe.

Und von 2035 an geht es noch weiter – mit Offshore-Windkraftanlagen, die zusammen eine Leistung von 10 GW erbringen, so die Vision der Planer. Dann käme die eingangs erwähnte zentrale Sammel-Pipeline zum Einsatz, die den grünen Wasserstoff ans Festland transportieren soll, anstelle von fünf Hochspannungs-Gleichstrom-Übertragungsleitungen. Weil die Energie in Form von Gas statt Strom ankommt, kann auch der konventionelle Stromnetzausbau geringer ausfallen, was die Betreiber von Übertragungsnetzen entlastet. Zudem würde die Pipeline, die einen Durchmesser von 60 bis 90 Zentimeter[45] haben wird, dann mit dem Wasserstoffnetz der Gasnetzbetreiber verbunden.[46] Am Ende von Aqua-Ventus soll die Produktion von einer Million Tonnen grünem Wasserstoff im Jahr stehen. Damit könnten 125 000 Schwerlaster via Brennstoffzellen betrieben werden, haben die Projektteilnehmer errechnet.[47] Zu den rund 90 Mitgliedern[48] von AquaVentus gehören Energieversorger, Netzbetreiber, Anlagenbauer – also Firmen wie RWE, Siemens, Vattenfall, EnBw, Orsted, MHI Vestas, um nur einige zu nennen. Außer Großkonzernen sind auch Mittelständler und kleinere Unternehmen, kommunale Versorger und wissenschaftliche Einrichtungen wie das Fraunhofer IFAM oder das Institut für Klimaschutz, Energie und Mobilität (IKEM) e.V. dabei.

Ein deutsches Wasserstoffnetz steht natürlich nicht für sich allein, sondern würde sich in ein entsprechendes europäisches Netz einbinden lassen, vergleichbar mit dem Stromnetz. Auch AquaVentus will mit Projektplanern in Nachbarländern wie Dänemark, den Niederlanden und Großbritannien kooperieren, so wie das heute etwa die Betreiber von Offshore-Windparks tun. Das Energienetz um Helgoland könnte mit den Leitungen der Nachbarn verknüpft werden, ähnlich wie im Projekt North Sea Wind Power Hub geplant.[49]

Ins Große gedacht wird auch bei industriellen Anwendungen – wir erinnern uns an das Credo »Je größer, desto rentabler« von Jimmie Langham. Und ein Blick auf so unterschiedliche Bereiche wie die Produktion von Kupfer und Stahl oder die chemische Industrie zeigt, was auch hier bereits an zukunftsträchtigen Wasserstofflösungen entwickelt und erprobt wird.

Kapitel III

In ganz großem Stil: Grüner Wasserstoff in der Industrie

1. Unser Energiehunger im Konflikt mit dem Naturschutz

Weltweit erzeugt die Industrie die meisten Kohlendioxid-emissionen.[50] Vor allem die Stahl-, Chemie- und Zement-industrie benötigt viel Energie und verantwortet einen entsprechend hohen CO_2-Ausstoß. Man braucht weder Ingenieur noch Wirtschaftswissenschaftler zu sein, um sich vorzustellen, wie schwierig es für diese Industriezweige mit ihren globalen Wertschöpfungsketten wird, Klimaneutralität zu erreichen. Umso erfreulicher die Nachricht, dass die Vorstände der führenden Unternehmen in den genannten Bereichen dazu bereit sind. Viele Firmen – von kleinen und mittelständischen Familienunternehmen bis hin zu weltweit agierenden Konzernen – haben sich bereits auf den Weg gemacht und technische Lösungen präsentiert, wie und unter welchen Bedingungen die energetische Transformation der Industrie möglich ist.

Eine erstaunliche Wandlung hat auch der Bundesverband der Industrie (BDI) durchgemacht: Während er einen

CO_2-Preis im Jahr 2018 noch rundweg ablehnte, forderte er im Oktober 2021 sogar dessen Erhöhung.[51] Anlass war die Präsentation einer aktualisierten Fassung der Studie *Klimapfade 2.0*, die der Industrieverband gemeinsam mit dem Strategieberater Boston Consulting Group (BCG) erstellt hat. Die Studie zeigt auf, wie der Umbau der Wirtschaft im Einklang mit dem Pariser Klimaschutzabkommen gelingen kann. Das Ziel Deutschlands, den Ausstoß von Treibhausgasen bis 2045 auf Netto-Null[52] zu reduzieren, sei ein gewaltiger Kraftakt und zugleich eine historische Chance: »Ehrgeizig, technologisch aber machbar.«[53] Nichts weniger als eine »Revolution in Sachen Planungs- und Genehmigungsverfahren« fordert Jens Burchardt von Boston Consulting sowie eine »Flächenquote, die Gemeinden in die Pflicht nimmt, Flächen für erneuerbare Energien zur Verfügung zu stellen«. Die neue Bundesregierung müsse nicht nur die Erzeugungskapazitäten für Wind- und Solarstrom und grünen Wasserstoff massiv ausbauen, sondern auch die notwendige Infrastruktur wie Ladesäulen für E-Autos, H_2-Tankstellen, Strom- und Schienennetze. Was die Kosten angeht, erläuterte BCG-Klimaexperte Burchardt: »Das finanzielle Ausmaß der Transformation ist historisch, aber nicht ohne Beispiel. Gemessen am deutschen Bruttoinlandsprodukt liegen die notwendigen staatlichen Ausgaben für Klimaschutz zum Beispiel knapp bei der Hälfte des Aufbaus Ost.« Der BDI-Präsident Siegfried Russwurm plädiert für eine Anpassung der Regulatorik, um die Nutzung von erneuerbaren Energien günstiger zu machen, etwa indem die Strompreise von Umlagen und Steuern entlastet werden. »Uns läuft die Zeit davon«, mahnt Russwurm. »Politische Grundsatzentscheidungen zur Umsetzung der Klimaziele sind überfällig.«[54]

Das kommt einem bekannt vor, schließlich fordern Klima- und Umweltschützer dies schon lange. Und noch etwas fällt bei der Präsentation der Studie auf, was vielleicht auf den ersten Blick überraschen mag: dass die Kohleverstromung bis 2030 auslaufen muss, um die Emissionsziele zu erreichen,[55] auch darüber besteht offenbar ein Konsens zwischen Industrievertretern und Umweltbewegung. Etwas weniger verwunderlich ist das, wenn man bedenkt, dass aufgrund teurer werdender CO_2-Emissionsrechte in der Europäischen Union der Kostendruck auf die Industrie eben auch wächst. Deshalb hat sie selbst ein steigendes Interesse am Ausbau der Ökostromkapazitäten; und große Unternehmen schließen möglichst schon direkte Abnahmeverträge mit den Erzeugern erneuerbarer Energien. Und so bilden sich Industriekooperationen, wie die zwischen dem Chemiekonzern BASF und dem Energieversorger RWE, die gemeinsam einen Windpark in der Nordsee errichten wollen. Mit den geplanten zwei Gigawatt Leistung wäre es sogar einer der größten Windparks der Welt. In solchen Dimensionen kann es erneut zum Dissens zwischen Industrie und Naturschützern kommen – oder, anders ausgedrückt, zu einem Konflikt zwischen Arten- und Klimaschutz. Dabei sind sich die großen Umweltverbände eigentlich einig, dass beide Ziele nicht gegeneinander ausgespielt werden sollen, zumal das Abbremsen der globalen Erwärmung dem Schutz der Biodiversität dient. Dennoch sollte, so unverzichtbar er ist, gerade auch der Ausbau der Windenergie mit Augenmaß geschehen.

Windenergie auf dem Meer zu gewinnen, bietet gegenüber den Anlagen an Land eine Reihe von Vorteilen: Auf See bläst der Wind stärker, häufiger und zuverlässiger. Das bedeutet höhere Stromerträge und geringere Schwankungen bei der Erzeugung. »Bei rund 4500 Stunden Volllast ist die Effizienz viel höher als an Land«, erklärte Henrik Maatsch, beim WWF für Klimaschutz und Energiepolitik zuständig, auf Nachfrage.[56] »Selbst ein windreicher Standort an Land bringt es nur etwa auf die Hälfte der Stunden Volllast.« Zudem gibt es weniger Bürgerproteste, weil die Windräder fernab von Siedlungen stehen und somit nicht das Landschaftsbild »verschandeln«. Aber auch Offshore-Windenergieanlagen bedeuten einen Eingriff in marine Lebensräume, sowohl während der Bauphase als auch im Betrieb. Noch sind nicht alle Folgen für so unterschiedliche Tiergruppen wie Meeressäuger, Zug- und Seevögel oder wandernde Fledermäuse im Detail bekannt.

Um mehr darüber zu erfahren, unter welchen Folgen die Fauna leidet und wie sich negative Effekte minimieren lassen, findet in Deutschland und den Nachbarländern schon lange die teils mit öffentlichen Mitteln geförderte »ökologische Begleitforschung« statt.[57] Bereits im Herbst 2011 schrieben große Umweltverbände ein gemeinsames Positionspapier, in dem sie Industrie und Politik darauf hinwiesen, wie sich der Ausbau von Windenergie auf dem Meer mit deutschem und europäischem Naturschutzrecht vereinbaren lässt. Außer verbindlichen Schallschutzkonzepten forderten sie, negative Effekte, die z. B. von Fischerei, Schifffahrt oder Bohrinseln ausgehen, stärker in die Bauplanung miteinzubeziehen.[58]

Anfang 2020 haben die meisten jener Verbände erneut zu diesem Thema Stellung genommen, namentlich BUND, DNR, DUH, Greenpeace, NABU, WWF und Germanwatch:

In einem gemeinsamen *Thesenpapier zum naturverträglichen Ausbau der Windenergie* warnen sie gleich zu Anfang vor der in Deutschland drohenden »Ökostromlücke von mindestens 100 Terawattstunden bis 2030«. Etwas, was heute definitiv ein Problem ist. Der Natur- und Artenschutz dürfe nicht als Vorwand für den schleppenden Ausbau der Windenergie gelten, fahren sie fort. Das Papier macht detaillierte Vorschläge, wie aus Sicht der Verbände die Windenergie beschleunigt ausgebaut werden kann, ohne den Naturschutz zu vernachlässigen.[59] Dass in diesem Zusammenhang der Schutz von Tierpopulationen statt einzelner Tiere sowie der Schutz von Lebensräumen verstärkt in den Fokus rücken muss, diese Erkenntnis hat sich inzwischen auch bis in die Regierungsebene durchgesetzt. Das »Osterpaket« der Ampelkoalition enthält entsprechende Maßnahmen, welche dann bis Sommer 2022 in geltendes Recht umgesetzt werden könnten.[60]

Doch auch damit lassen sich nicht alle Konflikte um Naturschutz und Windenergie auf einen Schlag lösen. Sei es an Land oder auf dem Meer, die Lebensräume müssen ohnehin schon viel aushalten. Nur auf dem Meer sieht man es noch weniger. Nord- und Ostsee sind in einem katastrophalen ökologischen Zustand, sagt Kim Detloff, Leiter für Meeresschutz beim Naturschutzbund Deutschland (NABU), gegenüber dem Deutschlandfunk. »Den Meeren geht es schlecht, sie sind überlastet, die Bestände gehen zurück«, stellt er fest. »Und jetzt versuchen wir massiv, eine neue Nutzung in ein krankes System zu pressen. Das kann nicht funktionieren, da treiben wir einen Keil zwischen Klima- und Naturschutz.«[61]

Wenn die Leistung der Offshore-Windparks wirklich auf 70 Gigawatt ausgebaut werden soll, wie die Ampelkoalition plant, dann bräuchten wir dafür grob gerechnet 30 Prozent der Flächen in Nord- und Ostsee, rechnet Detloff vor. Die Konflikte begännen schon beim Bau, nämlich durch die starke Lärmbelastung, wenn die Fundamente in den Meeresgrund gerammt werden, was alle Tiere störe, insbesondere aber Wale. Und nach Abschluss der Bauarbeiten zerschneiden einige Windparks Wanderrouten und stören den Vogelzug, kritisiert Detloff weiter. Es komme zu Kollisionen, und der Lebensraum der Tiere werde eingeengt. »Wir wissen, dass streng geschützte Wildvögel in der Nordsee, Seetaucher, Basstölpel, Trottellummen, diese Windparks meiden.« Das beobachten Naturschützer schon jetzt, bei knapp sieben Gigawatt an Offshore-Windenergie.

Ein Drittel des Vogelschutzgebietes Östliche Deutsche Bucht sei aufgrund der Windenergie für diese Vögel unbrauchbar geworden, so Detloff weiter. Als Alternative kämen zwar schwimmende Windenergieanlagen in Frage, aber auch die könne man nicht überall errichten. Gesunde Meere seien bekanntermaßen unsere besten Verbündeten in der Klimakrise, mit ihrer natürlichen Funktion als Kohlenstoffsenken, etwa durch Seegraswiesen, Algenwälder und Salzmarschen. Dass die grüne Energieerzeugung naturverträglich organisiert werden müsse, diese Ansicht teilt beispielsweise auch der Meeresbiologe Thilo Maack von Greenpeace.[62]

Mit dem Ausbau der Offshore-Windenergie werden sich die Nutzungskonflikte auf dem Meer weiter verschärfen. Die ökologischen Folgen, die mit den Eingriffen in sensible Lebensräume verbunden sind, müssen jeweils genau abgewogen werden. Und auch an dieser Stelle sollten wir uns wieder die Frage stellen, wie wir insgesamt als Gesellschaft mit weniger Energie, weniger Ressourcen, weniger Flächen-versiegelung – mithin weniger Produktion und Verbrauch auskommen können. Der jedes Jahr früher eintretende »Erdüberlastungstag« *(Earth Day)* macht zumindest drastisch deutlich, wie wenig nachhaltig unser Wirtschaftsmodell immer noch ist – und auf keinen Fall ein Vorbild für den sogenannten globalen Süden.[63]

Zurück zur Industrie und den großen Mengen an Energie, die in Zukunft klimaneutral hergestellt werden sollen. Was das Ziel so herausfordernd macht, ist die Notwendigkeit, neben den energiebedingten Treibhausgasemissionen auch die prozessbedingten zu reduzieren bzw. bis 2045 auf Netto-Null zu bringen. Dafür muss nicht selten die gesamte Produktion umgestellt werden, was weitreichende Folgen für unterschiedliche industrielle Sektoren hat, also außer der Strom- auch die Wärmeerzeugung betrifft sowie den Transport der Güter. Das Ganze spielt sich zudem in unterschiedlichen rechtlichen und politischen Sphären ab, allein in Deutschland auf kommunaler, Länder- und Bundesebene, zudem eingebettet in den Rahmen der Europäischen Union sowie weltweiter Handelsbeziehungen. Eine ganzheitliche Betrachtung ist also dringend notwendig. »Die Industrie ist für 40 Prozent der globalen Treibhausgasemissionen verantwortlich, wenn man auch die industrielle Nachfrage an Strom und Wärme berücksichtigt«,[64] sagt Frank Peter, der im Thinktank Agora Energiewende das interdisziplinäre Industrieteam leitet. Da ist es nur konsequent, wenn man der Komplexität der Aufgabe begegnet, indem man den Aufbau einer Kreislaufwirtschaft global umsetzt. Es sollte schließlich im Interesse aller Staaten dieser Welt sein, die begrenzten Ressourcen unseres Planeten so effizient und schonend wie möglich einzusetzen.

Wie die energieintensive Stahlindustrie ihre Emissionen mit Hilfe von grünem Wasserstoff reduzieren will, zeigt das folgende Kapitel.

2. Klimaneutraler Stahl: Eine Schlüsselindustrie baut sich um

In einer modernen Industriegesellschaft gilt Stahl als unverzichtbar. Ob im Hoch- oder Tiefbau, in Musikinstrumenten oder Matratzen, in Brücken oder Zügen: Überall ist Stahl drin. Auch die Energiewende braucht Stahl, vom Windrad bis zum E-Auto. Deutschland ist der größte Erzeuger von Stahl in der Europäischen Union; knapp 87 000 Menschen arbeiten direkt in dieser Industrie, und wenn man die Beschäftigten der stahlintensiven Branchen hinzuzählt, sind es sogar vier Millionen Menschen allein in Deutschland.[65] Doch die Stahlherstellung verschlingt gewaltige Mengen an Energie, was mit hohen Kohlendioxidemissionen einhergeht: Sieben Prozent der weltweiten CO_2-Emissionen entfallen darauf; in Deutschland sechs Prozent.

Interessanterweise schreibt der größte deutsche Stahlhersteller auf seiner Webseite: »Wir bei Thyssenkrupp haben im Jahr 2019 23 Millionen Tonnen CO_2 ausgestoßen. Das sind fast drei Prozent aller deutschen Treibhausgasemissionen. Mehr als Berlin im gleichen Zeitraum verursacht hat.«[66] Man möchte sich erstaunt die Augen reiben, so ändern sich die Zeiten: Während Umweltfrevel früher am liebsten unter den

Teppich gekehrt wurden, gibt man sie heute offen zu. Nicht ohne Grund, denn gleich im nächsten Satz heißt es: »Doch wer viel emittiert, kann auch viel bewirken.« Und wer wenig emittiert, könnte man einwenden, muss sich nicht rühmen, Teil der Lösung zu sein. Aber so eine Aussage ist zugleich als Wink an die Politik zu verstehen, die Weichen bzw. rechtlichen Rahmenbedingungen entsprechend zu stellen. Der Umstieg von fossiler Energie auf erneuerbare mitsamt grünem Wasserstoff ist ein starker Hebel für den Klimaschutz – in Deutschland, in Europa und weltweit. Eine Tonne mit Ökostrom erzeugter Wasserstoff spart in der Stahlproduktion 26 Tonnen Kohlendioxid ein. Und die Defossilisierung der Stahlindustrie könnte den CO_2-Ausstoß der gesamten Industrie in Deutschland um ein Drittel reduzieren.[67] »Die Stahlindustrie könnte bis 2030 bereits ein Drittel von 188 Millionen Tonnen CO_2 im Jahr 2017 nachhaltig reduzieren: Wenn sie ab sofort von kohlebetriebenen Hochöfen, die das Ende ihrer Laufzeit erreichen, auf Direktreduktionsanlagen umrüstet. Diese Anlagen können anfänglich mit Erdgas betrieben werden und mit zunehmender Verfügbarkeit auf klimaneutralen Wasserstoff umstellen«, heißt es bei Agora Energiewende.[68]

Deshalb setzt insbesondere diese Branche ganz auf grünen Wasserstoff, um ihre Prozesse bis 2045 »nahezu emissionsfrei« zu machen.[69] Bis 2030 will die Stahlindustrie ihren Kohlendioxidausstoß um 30 Prozent reduzieren. Dazu muss sie das althergebrachte Verfahren – die Hochofenroute, bei der Kokskohle eingesetzt wird – auf die sogenannte Direktreduktion von Eisen umstellen. Das geschieht mit Hilfe von Wasserstoff.

ArcelorMittal, größter Stahlproduzent der Welt, ist Pionier im Bereich der Direktreduktion in Europa. In Hamburg, wo dieses Verfahren auf der Basis von Erdgas seit mehr als 50 Jahren im Einsatz ist, wird nun die erste Anlage errichtet, die in Zukunft grünen Wasserstoff im industriellen Maßstab zur Herstellung von Roheisen nutzt. Wer das Betriebsgelände von ArcelorMittal[70] im Hamburger Hafen betritt, sollte sich nicht von Äußerlichkeiten täuschen lassen. Auch wenn die imposante Produktionsanlage aus rostigem Stahl, die sich mit einem 40 Meter hohen Schachtofen vor einem auftürmt, wie ein Industriedenkmal aus dem 19. Jahrhundert wirken mag, so birgt sie doch eine sehr innovative Technik, die in Europa ihresgleichen sucht. Statt mit Kokskohle wird Eisenerz hier mit Hilfe von Erdgas in metallisches Eisen[71] verwandelt.

»Der Unternehmer Willy Korf, der den Grundstein für das Stahlwerk und die Reduktionsanlage legte, war ein Visionär«, sagt der Firmensprecher während einer Betriebsführung. Der Weg über das Werksgelände führt zwischen monströsen braunen Stahlbauten hindurch, vor denen man sich klein wie ein Hamster vorkommt. Das sogenannte Langstahlwerk ist ein komplexes Gebilde diverser Anlagen und Gebäude, in denen rund 1,1 Millionen Tonnen Stahl pro Jahr herstellt werden. Aus dem darin erzeugten Walzdraht entsteht eine ganze Palette von so unterschiedlichen Produkten wie Schweißdrähte, Spannstähle (z. B. für Brücken), Federdrähte für Matratzen oder Saiten für Musikinstrumente.

Die Besonderheit dieses Werks mit seinen gut 500 Mitarbeitern ist jedoch das Fehlen eines Hochofens. Stattdessen besitzt es eine Direktreduktionsanlage, in der grauer Wasserstoff entsteht. Das geschieht durch einen Prozess, der Methan-Dampfreformierung genannt wird. Der graue Wasserstoff wird in einen Schachtofen (nicht zu verwechseln mit einem Hochofen) geleitet, wo Eisenerz-Pellets durch Kohlenmonoxid und Wasserstoff »reduziert« werden, wie Chemiker diesen Vorgang nennen. Das geschieht bei einer Temperatur von bis zu 1000 Grad Celsius. Auf diese Weise gewinnen die Stahlkocher das gewünschte Roheisen in Form von Eisenschwamm. Der Name weist darauf hin, dass es sich um ein sehr poröses Material handelt. Als Nebenprodukte fallen Kohlendioxid und Wasser an.

Die Direktreduktionsanlage läuft zwar schon seit 50 Jahren, verursacht aber trotzdem erheblich weniger CO_2-Emissionen pro Tonne Stahl als das sonst in Europa übliche Hochofenverfahren, in dem Kokskohle verfeuert wird: 500 gegenüber durchschnittlich 1800 Kilogramm Kohlendioxid. Der Eisenschwamm, also das Roheisen, wird zusammen mit Stahlschrott in einem Elektrolichtbogenofen aufgeschmolzen. Um die dafür notwendige Temperatur von rund 1630 Grad Celsius zu erreichen, ist viel Energie nötig. Deshalb verschlingt das Werk pro Jahr so viel Strom wie eine Stadt von der Größe Kiels.

Auf die Prozesse im Lichtbogenofen und in den Pfannenöfen folgt die Stranggießanlage; anschließend werden die Stahlstränge, die sogenannten Knüppel, im Walzwerk zu Walzdraht geformt. Das Walzwerk befindet sich in einer riesigen, lauten, höllisch heißen Halle. Rot glühende Eisenknüppel schieben sich über eine Walzstraße, Metall scheppert, und man hört ein malmendes Geräusch, das wohl von den Antrieben der 26 Walzgerüste stammt. Die Szenerie, auf die der Besucher von einer Galerie in mehreren Metern

Höhe herabblickt, wirkt archaisch und futuristisch zugleich. Arbeiter sind hier nicht zu sehen; der Prozess läuft vollautomatisch ab. Gesteuert wird das Ganze aus dem Leitstand per Computer. Man sieht nur die beeindruckende Geschwindigkeit und Präzision der Maschinen, die die glühenden Knüppel walzen.

Im Jahr 2022 sollen hier auf dem Werksgelände die Bauarbeiten für eine Pilotanlage zur Direktreduktion mit zukünftig grünem Wasserstoff beginnen. Dafür sei der Standort im Hamburger Hafen aus mehreren Gründen prädestiniert, erläutert Sebastian Gellert, Ingenieur für Energie- und Umwelttechnik. Zum einen wegen der langjährigen Erfahrung mit der vorhandenen Direktreduktionsanlage. »Bereits heute besteht das Reduktionsgas zu rund 60 Prozent aus Wasserstoff. Da ist es nur konsequent, diesen Prozess vollständig auf H_2 umzustellen. Wir wollen testen, wie das funktioniert.« Und wenn man den Wasserstoff per Elektrolyse mit Hilfe von erneuerbarem Strom herstellt, wird die Prozessroute beinahe CO_2-frei. Von Hamburg sei es nicht weit zu den Offshore-Windparks in der Nordsee; obendrein fällt in Schleswig-Holstein erheblich mehr Windstrom an, als das Bundesland selbst verbrauchen kann. Damit seien alle Voraussetzungen gegeben, um die »Vision grüner Stahl« zu realisieren, ist der Ingenieur überzeugt.

Die Erprobungsphase soll 2024 beginnen. Dann entstehen nur noch Eisenschwamm und Wasser, jedoch kein CO_2 mehr. Platz gibt es genug: Sebastian Gellert zeigt auf eine Freifläche zwischen dunkelgrauen Halden aus Eisenerz-Pellets und dem 40 Meter hohen Schachtofen. Genau dort soll die Pilotanlage zur Rohstahlerzeugung mit Wasserstoff hin.

Dafür wird auch ein neuer Schachtofen gebaut. Zuerst wird darin grauer Wasserstoff getestet, der aus der bestehenden Anlage abgezweigt wird. Mit einer geplanten Produktion von 100 000 Tonnen Eisenschwamm pro Jahr würde dieser dann »erstmals auf industriellem Niveau mit Wasserstoff entstehen«, so Gellert.

Nach Berechnungen des Unternehmens bräuchte die Pilotanlage jährlich 310 Gigawattstunden grünen Wasserstoff. Die Menge an insgesamt benötigtem Windstrom beliefe sich auf 388 GWh pro Jahr.[72] Der graue Wasserstoff soll so bald wie möglich durch grünen ersetzt werden. Deshalb beteiligt sich das Unternehmen ebenfalls am Aufbau von regionalen Wasserstoffnetzen wie zum Beispiel beim norddeutschen Projekt Clean Hydrogen Coastline.

Allerdings sind die Kosten für grünen Wasserstoff in der Anfangsphase noch zu hoch. Geschäftsführer Uwe Braun rechnet mit Mehrkosten von 200 Euro pro Tonne Stahl, womit das Unternehmen auf dem Weltmarkt nicht mehr wettbewerbsfähig wäre. Klimaneutralität in der Stahlbranche lässt sich jedoch ohne das grüne Gas nicht erreichen, auch wenn das teuer wird. Für die Transformation der Stahlproduktion in Deutschland schätzt die Wirtschaftsvereinigung Stahl rund 30 Milliarden Euro an Investitionskosten bis 2050, davon 10 Milliarden Euro bis 2030.[73]

Auch die anderen Stahlproduzenten innerhalb der Europäischen Union stecken in einem Dilemma, weil sie den begehrten Werkstoff bereits heute klimafreundlicher herstellen als die außereuropäische Konkurrenz. Die EU-Produzenten müssen befürchten, noch mehr Marktanteile an China zu verlieren – das Land mit der größten Stahlproduktion der Erde. Zum Glück haben sich Wirtschaft und Politik schon auf eine Lösung geeinigt: sogenannte Differenzverträge für den Klimaschutz *(Carbon Contracts for Difference)*, abgekürzt CCfD). Dabei gleicht der Staat bzw. der Steuerzahler anfangs die Preisdifferenz zwischen konventionellem und grünem Stahl aus. Später, wenn die Hersteller Gewinn machen, zahlen sie das Geld zurück. Dass die Differenz zwischen konventionellem und grünem Stahl immer kleiner werden wird, dafür sorgt schon der steigende CO_2-Preis.[74]

Auch Thyssenkrupp will mit seiner Stahlsparte den Weg zur Klimaneutralität über die Direktreduktion gehen und plant, seine erste großtechnische Anlage im Jahr 2024 in Betrieb zu nehmen.[75] Um mit grünem Wasserstoff produzieren zu können, arbeitet Deutschlands größter Stahlhersteller mit dem Essener Energieversorger STEAG zusammen, der auf seinem Gelände in Duisburg-Walsum einen Elektrolyseur mit einer Leistung von bis zu 500 Megawatt errichten will. Damit könnte der Energieversorger pro Jahr rund 75 000 Tonnen emissionsfreien Wasserstoff an das nahe gelegene Duisburger Stahlwerk liefern – und dessen Bedarf für die Direktreduktion decken. Der Transport zum weniger als drei Kilometer entfernten Werksgelände soll über eine neue Pipeline erfolgen. Dritter im Bunde ist ein weiteres Unternehmen, das zu Thyssenkrupp gehört und Elektrolyseanlagen herstellt. Der weltweit agierende Konzern wird somit also nicht nur Verbraucher von grünem Wasserstoff sein, sondern zugleich auch dessen Hersteller.[76]

Eine ähnliche Strategie verfolgt die Salzgitter AG in Niedersachsen, die bereits seit 2015 das Salcos-Projekt *(Salzgitter Low CO_2 Steelmaking)* betreibt. Die Umstellung von Hochöfen auf Direktreduktion soll den Kohlendioxidausstoß von jährlich acht Millionen Tonnen CO_2 schrittweise um bis zu 95 Prozent reduzieren, sagt Heinz Jörg Fuhrmann, Eisenhütteningenieur und ehemaliger Vorstandsvorsitzender der Salzgitter AG, im Gespräch mit Werner Diwald vom DWV.[77]

Diese Anlagen werden anfangs ebenfalls erst mit Erdgas statt Kohle betrieben, bis später ausschließlich grüner Wasserstoff zum Einsatz kommt. Doch noch in diesem Jahrzehnt werde man den CO_2-Ausstoß um 26 Prozent reduzieren, so Fuhrmann, der inzwischen Mitglied im Nationalen Wasserstoffrat ist, einem Expertengremium, das die Bundesregierung berät. »Das ist das Äquivalent von nicht weniger als einer Million Elektroautos. Also, hier kann man richtig was bewegen mit Wasserstoff.«[78] Das dafür notwendige H_2 wird der Konzern, der mit über 25 000 Mitarbeitern einer der größten Stahlproduzenten in Europa ist sowie Weltmarktführer im Bereich der Großrohre, zusammen mit Industriepartnern mittels Windstrom und Hochtemperatur-Elektrolyse selbst erzeugen.

Die erste Direktreduktionsanlage soll ab 2026 in Betrieb gehen. Die Salzgitter AG beherbergt dafür auf ihrem Gelände sieben Windräder mit einer Leistung von 30 Megawatt, drei von ihnen auf dem Areal des Hüttenwerks in der niedersächsischen Stadt. Der Windstrom fließt in einen PEM-Elektrolyseur *(Proton Exchange Membrane)*. Zudem betreibt die Salzgitter AG im Rahmen des Projektes GrInHy2.0 einen Hochtemperatur-Elektrolyseur, der Dampf nutzt, welcher wiederum mit Hilfe von Abwärme aus der Stahlproduktion hergestellt wird. Darum arbeitet diese Anlage hocheffizient. Nach Firmenangaben ist sie die erste Anlage im Megawattbereich und die größte ihrer Art weltweit. Beide Elektrolyseure decken heute immerhin den H_2-Bedarf für Glühprozesse und die Stahlveredelung ab, heißt es auf der Website der AG. Bislang sei dies aber nur ein Bruchteil des Wasserstoffbedarfs, der notwendig ist, um die gesamte Produktion auf grünen Stahl umzustellen, was dann mit einer CO_2-Reduktion von über 95 Prozent einherginge.[79]

Die Stahlindustrie hat die große Chance zu zeigen, wie Deutschlands größtem industriellen Kohlendioxidverursacher der Umbau zur Klimaneutralität gelingen kann und zugleich ein wirtschaftlich tragfähiges Geschäftsmodell entsteht. Die Klimaschutz-Differenzverträge (CCfD)[80] sind nach Ansicht von Experten ein wirkungsvolles Instrument, um »Industriestandorte und Arbeitsplätze auf dem Weg zur Klimaneutralität« zu erhalten und massiv Emissionen einzusparen.[81] Auch die Interessenvertretung der Stahlindustrie selbst sieht das so. Nachdem Robert Habeck als neuer Wirtschafts- und Klimaminister im Januar 2022 im Rahmen der »Eröffnungsbilanz Klimaschutz« sein Sofortprogramm für den Klimaschutz vorgestellt hatte,[82] kommentierten Wirtschaftsvertreter insgesamt wohlwollend, so etwa der Präsident der Wirtschaftsvereinigung Stahl Hans Jürgen Kerkhoff: »Die Stahlindustrie in Deutschland kann vergleichsweise schnell große Mengen an CO_2 einsparen. Vor dem Hintergrund, dass milliardenschwere Projekte in der Stahlindustrie entscheidungsreif sind, ist es gut und richtig, dass Bundeswirtschaftsminister Habeck nun aufs Tempo drückt und die entsprechenden politischen Instrumente rasch auf den Weg bringen will. Insbesondere Klimaschutzverträge ermöglichen den Einstieg in die Transformation.«[83]

Das geht freilich nicht im nationalen Alleingang, sondern muss auf EU-Ebene unter anderem von einer Reform des Europäischen Emissionsrechtehandels (ETS) flankiert werden. Kurz nach dem Sofortprogramm präsentierte Robert Habeck den Jahreswirtschaftsbericht 2022, nach dem die »Klimatransformation in allen Politikbereichen« verankert werden soll.[84] Was den Europäischen Emissionshandel angeht, setze sich die Bundesregierung für einen CO_2-Preis von mindestens 60 Euro pro Tonne ein.[85] Und bei seinem Antrittsbesuch in Brüssel plädierte der grüne Wirtschaftsminister für den Ausbau der europaweiten Wasserstofftechnik, damit grüner Wasserstoff eine Spitzentechnologie *made in EU* werde. Damit könnte Europa nicht nur der erste klimaneutrale Kontinent werden, sondern auch der »globale Leitmarkt für nachhaltige und innovative Produkte und Dienstleistungen«.[86] Das klingt schon mal gut, und der Stahlindustrie, wie auch vielen anderen Branchen, wird es recht sein. Doch die Umsetzung bleibt eine gewaltige Herausforderung.

3. Der Beginn einer neuen Kupferzeit

Wer die Kupferhütte Aurubis auf der Hamburger Elbinsel Peute besucht,[87] den empfängt gleich hinter dem Werkstor ein fünf Meter hoher Metalldrache. Mit erhobener Pranke und ausgefahrenen Krallen dominiert die Stahlskulptur mit Tausenden von kupfernen Schuppen den Platz am Eingang der Konzernzentrale. Aus seinem geöffneten Maul speit das Kunstwerk, das einer Drachenstatue im kaiserlichen Sommerpalast in Peking nachempfunden ist, zwar kein Feuer; aber dafür gibt es hier ja die Hochöfen. Dampfleitungen hinter dem Drachen lassen schon erahnen, dass auf dem

Werksgelände von Europas größter Kupferhütte mit hohen Temperaturen und viel Prozesswärme gearbeitet wird.

Rund 400 000 Tonnen reines Kupfer erzeugen die mehr als 2000 Mitarbeiter in Hamburg aus Kupfererzen und Recyclingmaterialien. In der Hansestadt hat der Weltkonzern seinen größten Standort; er unterhält aber auch Werke z. B. in Belgien, Spanien und Bulgarien. Auf dem 870 000 Quadratmeter großen Gelände sieht man vielerlei Recyclingmaterialien und Metallrohstoffe in unterschiedlichen Stadien der Verarbeitung: verknäulte Haufen von rot glänzendem Kupfer; etwas, das aussieht wie kupferne Strohballen; Berge von Kupfergranulaten; Kupfer- und Aluminiumkabelschrott; silbrig glänzende, zinn- oder bleihaltige Recyclingrohstoffe. Denn außer Kupfer stellt Aurubis noch andere Metalle her, eigentlich alles außer Eisen. Zudem werden Edelmetalle, Nickel, Blei, Zinn oder Zink gewonnen.

In den großen Produktionshallen werden Kupferkonzentrate und Recyclingmaterialien in aufwendigen Prozessen erhitzt und eingeschmolzen. Während der Metallverarbeitung kann man Flammen lodern und Funken stieben sehen, es dampft und zischt. Das flüssige, rot glühende Metall wird schließlich in Formen gegossen, in denen es abkühlt. Aus den Kupferplatten entsteht das hochreine Metall am Ende in einem Prozess, der elektrolytische Kupfer-Raffination heißt.

Der Mensch stellt Kupfer und seine Legierungen seit fast 6000 Jahren her. Als Werkstoff wird er in vielen Bereichen des täglichen Lebens eingesetzt, ob im Baugewerbe, in der Informations- und Kommunikationstechnologie oder in der Energietechnik.[88]

»Kupfer ist *das* Metall der Energiewende«, sagt Ulf Gehrckens, der als Executive Vice President Energy & Climate Affairs bei Aurubis für die Themen Kohlendioxid und Energie zuständig ist. »Es steckt in E-Autos, Solaranlagen und Windkraftwerken. Ein Elektrofahrzeug enthält viermal so viel Kupfer wie ein Auto mit Verbrennungsmotor. Und in einer einzigen Offshore-Windturbine stecken 30 Tonnen Kupfer. Ohne die Herstellung von Metallen kann die Energiewende also gar nicht stattfinden.« Auf der anderen Seite entstehen bei der Metallproduktion natürlich CO_2-Emissionen, doch die Unternehmen arbeiten daran, die Emissionen kontinuierlich zu senken – etwa durch den Einsatz von grünem Wasserstoff als Reduktionsmittel.

Damit wurde lange nur im Labor experimentiert, bis Aurubis vor rund einem Jahr, im Mai 2021, einen Pilotversuch startete: Das Hamburger Werk stellte weltweit erstmals klimaneutrales Kupfer im industriellen Maßstab her. Anstelle von Erdgas wurden Wasserstoff und Stickstoff in die Produktionsanlage, den sogenannten Anodenofen, geleitet. »Getestet wird zunächst die Reaktion der Anlagen auf den eingeleiteten Wasserstoff sowie der störungsfreie Verlauf der einzelnen Produktionsschritte, die bei der energieintensiven Nichteisen-Metallproduktion hochsensibel sind«, erklärte mir Christian Hein, Leiter für Nachhaltigkeit.[89] Nachdem die ersten Experimente erfolgreich verlaufen waren, folgten im Herbst 2021 weitere Testreihen – mit dem positiven Ergebnis, dass die Umstellung technisch möglich ist. Die bei der Versuchsreihe gesammelten Erfahrungen zur Nutzung von Wasserstoff im prozesstechnischen Bereich dienen als Grundlage für weitere Aktivitäten mit dem grünen Gas. Im Prinzip, und wenn wettbewerbsfähige Rahmenbedingungen vorlägen, könnte es sogar bereits der »Energieträger der Gegenwart« sein, erklärte Roland Harings, Vorstandsvorsitzender von Aurubis, zum Start des Pilotversuchs.[90]

Mittelfristig kann Wasserstoff einen Teil der fossilen Energieträger in der Produktion ersetzen und die Prozesse somit klimafreundlicher machen. Das Einsparpotenzial allein für die Hamburger Hütte liegt nach eigenen Angaben bei 6200 Tonnen CO_2 jährlich. Und das sei erst der Anfang: Wenn die Testreihe gut läuft und das Verfahren auf alle Anodenöfen des internationalen Unternehmens ausgedehnt würde, ergäbe sich ein Einsparpotenzial von 15 000 Tonnen CO_2 pro Jahr, erklärt Ulf Gehrckens. Der nächste logische Schritt wäre, auch in anderen Reduktionsprozessen, für die Erdgas notwendig ist, dieses durch Wasserstoff zu ersetzen. Und wenn das Verfahren zudem von anderen Kupferproduzenten angewendet würde, wäre die Ersparnis natürlich noch erheblich höher: »Für die gesamte Kupferindustrie weltweit wäre es theoretisch möglich, eine Million Tonnen Kohlendioxid pro Jahr einzusparen«, hat er errechnet.

Zurzeit dient Erdgas als Reduktionsmittel, um die Reinheit des Kupfers zu erhöhen, weshalb es zu weiteren unerwünschten CO_2-Emissionen kommt. Wenn man stattdessen Wasserstoff in den Anodenofen einbläst, um Kupfer mit einem Reinheitsgrad von 99,5 Prozent (sogenannten Blisterkupfer) zu erzeugen, tritt am Ende nur Wasserdampf aus. Aufgrund der hohen Reaktivität von Wasserstoff hat dieses Verfahren sogar einen höheren Wirkungsgrad als der herkömmliche Prozess und ist somit effizienter. Ob sich das hochskalieren lässt, soll unter anderem durch die Teilnahme an dem Projekt Norddeutsches Reallabor (s. Kapitel II.1) untersucht werden.

»Wasserstoff ist zwar nicht das Allheilmittel, aber ein wichtiger Baustein für die Energiewende«, sagt Christian Hein, Leiter für Nachhaltigkeit bei Aurubis. »Für die Dekarbonisierung der Industrie werden wir viele verschiedene Lösungen brauchen. Deshalb müssen wir das Ganze technologieoffen angehen.« Der Konzern plant, auf seinem Firmengelände eine eigene Elektrolyseanlage mit einer Leistung von vier Megawatt zu errichten, fährt der Umweltingenieur Hein fort. Doch derzeit seien allein die Betriebskosten für grünen Wasserstoff ungefähr viermal so hoch wie für konventionell hergestellten Wasserstoff. »Und da sind die Investitionskosten, etwa für einen Elektrolyseur, noch gar nicht mitgerechnet.«

Eine Umstellung der Produktion kann also nicht ohne sogenannte Klimaschutz-Differenzverträge funktionieren, denn auf dem Weltmarkt konkurriert das Unternehmen mit Produzenten vor allem aus Asien, den USA und Südamerika. Dort ist der CO_2-Fußabdruck noch sehr hoch. Pro Tonne Kupfer entstehen weltweit durchschnittlich mehr als 4000 Kilogramm Kohlendioxid; bei Aurubis sind es mit 2300 Kilogramm beinahe die Hälfte.[91] Um die Emissionen von Treibhausgasen im In- und Ausland zu senken und gleichzeitig international konkurrenzfähig zu bleiben, braucht die Grundstoffindustrie sowohl nationale als auch zumindest EU-weite Rahmenbedingungen.

Peter Tschentscher, Hamburgs Erster Bürgermeister, war beim Start der Testreihe dabei und bekam das erste CO_2-frei hergestellte Kupferplättchen (Kupferanode) zur Erinnerung geschenkt. Am folgenden Tag hielt er vor dem Bundesrat eine Rede zum Thema Klimaschutz und berichtete auch von dieser produktionstechnischen Weltpremiere. Zur Anschauung hielt er das Kupferplättchen hoch: »Solche technologischen Schritte sind enorm bedeutsam, weil wir die Industrie nicht durch Preisregulierung und Kostenerhöhung zum Klimaschutz bringen, sondern indem wir die technologische Innovation fördern,«[92] betonte er. Und fuhr fort: »Wenn wir diese Industrie ins Ausland verlagern, ist das nicht nur ein massiver Verlust an Wertschöpfung in Deutschland, sondern es ist auch ein Schaden für den globalen Klimaschutz.« In diesem Zusammenhang machte Tschentscher sich – wie schon oft – dafür stark, die regulatorischen Rahmenbedingungen zu schaffen, »damit diese Technologien auch unter wirtschaftlichen Bedingungen funktionieren«. Und auf einen sehr praktischen Aspekt wies der Bürgermeister noch hin: »Nebenbei heizen wir mit der industriellen Abwärme Wohnungen in der HafenCity.«

Über die Nutzung von Industriewärme zu Heizzwecken als wichtigem Baustein der Energiewende kann Christian Hein mehr berichten. Bei Aurubis leitet er das Projekt, auf das sich Tschentscher bezieht und das die Kupferhütte gemeinsam mit dem Energieversorger Enercity betreibt: Wärme für einen Teil von Hamburgs Neubauquartier bereitzustellen. Möglich wird das, weil Kupferkonzentrate Schwefel enthalten, der in einem Nebenprozess der Kupferproduktion zu Schwefelsäure verarbeitet wird. Durch die chemische Reaktion entsteht eine große Menge an CO_2-freier Wärme. Bisher konnte sie aufgrund des für die Industrie zu geringen Temperaturniveaus nicht genutzt werden, erklärt Hein. »Durch die innovative Anhebung der Reaktionswärme ohne den Einsatz fossiler Brennstoffe wurde ein Nutzungspotenzial der Wärme außerhalb der Werksgrenzen identifiziert – etwa um Wohnungen zu heizen.«

»Als mit der östlichen HafenCity ein neuer Stadtteil entstand, war die Gelegenheit da, diese Wärme gewinnbringend zu nutzen, indem wir sie der Stadt liefern«, sagt Aurubis-Manager Ulf Gehrckens.[93] Eine 3,7 Kilometer lange Fernwärmetrasse führt vom Werksgelände auf der Elbinsel bis in den neuen Stadtteil auf der anderen Elbseite. Um den Fluss zu überqueren, wurden Rohrleitungen unter einer der Elbbrücken montiert. Die bis zu 160 Millionen Kilowattstunden Wärme, die pro Jahr vom Industriebetrieb in die Stadt geleitet werden, reichen für 8000 Vier-Personen-Haushalte. Zugleich spart diese technische Lösung jährlich rund 20 000 Tonnen Kohlendioxid ein. Nach Angaben von Aurubis ist das so viel CO_2, wie 10 000 Mittelklassewagen bei einer Fahrleistung von je 12 000 Kilometer im Jahr ausstoßen würden.[94] Unterstützt wurden die für die Wärmeweiterleitungen erforderlichen Investitionen vom Bundesministerium für Wirtschaft und Energie (jetzt: Bundesministerium für Wirtschaft und Klimaschutz).

Bislang wurde auf diese Weise nur ein Drittel der bei Aurubis anfallenden Wärme genutzt. Um weitere Potenziale an Industriewärme für die Fernwärmeversorgung der Hansestadt zu heben, schlossen der Multimetall-Hersteller und das stadteigene Unternehmen Wärme Hamburg einen langfristigen Liefervertrag. Der stellt sicher, dass ab Winter 2024 / 2025 rund 20 000 Haushalte mit der CO_2-freien Wärme beliefert werden, die bei Aurubis durch den Nebenprozess der Kupferproduktion entsteht. Auf diese Weise können ab 2025 bis zu 100 000 Tonnen Kohlendioxidemissionen eingespart werden. Bislang ist es das größte Projekt zur Nutzung von industrieller Abwärme in Deutschland und ebenfalls Teil des Norddeutschen Reallabors.[95]

Für die Hansestadt sind diese Projekte ein wichtiger Schritt in Richtung Defossilisierung der Wärmeversorgung, die bislang zu einem Großteil durch die Kohlekraftwerke Wedel und Tiefstack erfolgt. Hamburgs Erster Bürgermeister Peter Tschentscher bezeichnet die Wirtschaft deshalb als wichtigen Partner des Senats bei der Umsetzung des Hamburger Klimaplans, »mit dem wir die CO_2-Emissionen von Jahr zu Jahr senken«. Und für den Umwelt- und Energiesenator Jens Kerstan nimmt die Nutzung industrieller Abwärme »eine Schlüsselfunktion bei der CO_2-Reduzierung der Wärmeversorgung ein«.[96]

Ende August 2019 ging Aurubis bereits einen weiteren Schritt in Richtung Sektorenkopplung, als das Unternehmen im Rahmen eines Forschungsprojektes eine in der Kupferindustrie innovative *Power-to-Steam*-Anlage in Betrieb nahm. Sie wandelt überschüssigen Ökostrom in Dampf für die Produktionsprozesse um. Eingesetzt wird dabei vor allem Windstrom aus dem Norden, der sonst abgeregelt werden müsste, weil das Stromnetz ihn nicht aufnehmen kann. Stattdessen geht dieser Strom nun in einen neuen Elektrodenkessel, der aus einem äußeren Druckbehälter und einer innen liegenden Wanne besteht, die zur Außenhülle elektrisch isoliert ist. Die Elektroden tauchen von oben in das Wasser der Wanne ein, sodass durch den Stromfluss Dampf entsteht. Dadurch wird die notwendige Prozesswärme bereitgestellt, mit der beispielsweise Kupferkonzentrate getrocknet werden.

15 Tonnen Dampf pro Stunde erzeugt der Kessel und ersetzt mit einer Leistung von zehn Megawatt eine alte Anlage, die mit Erdgas befeuert wurde. Künftig kann dieser Kessel – wenn er ausschließlich mit Ökostrom betrieben wird – rund

4000 Tonnen CO_2 im Jahr einsparen. Das ist jedoch nur ein Aspekt, denn die Anlage hat einen Dreifachnutzen: Sie reduziert nicht nur klimaschädliche Emissionen, sondern speichert auch überschüssigen Strom und trägt so zur Netzstabilität bei. Und das wird bekanntlich umso wichtiger, je stärker der Anteil an schwankender Stromeinspeisung durch erneuerbare Energien steigt. Bei einem Überschuss im Stromnetz kann die Anlage innerhalb kürzester Zeit anspringen und den Strom in Wasserdampf umwandeln, der sonst durch fossile Brennstoffe erzeugt werden muss.

Die Anlage ist auf eine Dampfproduktion von 87 000 Megawattstunden pro Jahr ausgelegt. Das entspricht nach Angaben des Unternehmens dem durchschnittlichen Wärmebedarf von 4350 Vier-Personen-Haushalten. »Einerseits fragen unsere Kunden vermehrt Metalle für die Energiewende nach, andererseits ist die Metallraffination energieintensiv«, sagte der Vorstandsvorsitzende Roland Harings bei der Inbetriebnahme der Anlage. »Wir haben somit ein originäres Interesse am Ausbau einer nachhaltigen und stabilen Energieversorgung.«

Das Unternehmen hat 3,5 Millionen Euro in die *Power-to-Steam*-Anlage investiert und wurde dabei vom Bundeswirtschaftsministerium mit etwa zehn Prozent gefördert. Der Elektrodenkessel war Teil des Großprojektes Norddeutsche Energiewende (NEW 4.0), zu dem sich rund 60 Partner aus Wirtschaft, Wissenschaft und Verwaltung zusammengeschlossen hatten.[97] Ziel des nach fünf Jahren erfolgreich abgeschlossenen Projektes war, sektorenübergreifend und entlang der gesamten Wertschöpfungskette mit über 100 Teilprojekten zu testen, wie die Energiewende in der Praxis gelingen kann.

Strom in andere Energieformen umzuwandeln und Lasten zu flexibilisieren, um sie besser auf die schwankende Stromerzeugung abzustimmen und das Netz dabei stabil zu halten, hat oberste Priorität, erklärte Werner Beba, der Koordinator des Energiewende-Projektes NEW 4.0 bei der Inbetriebnahme der *Power-to-Steam*-Anlage. Die Systemaufgaben konventioneller Kraftwerke werden in Zukunft überwiegend von der Industrie übernommen. »Die deutsche Industrie wird den Kohleausstieg möglich machen«, sagte Beba. Den mehr als 7000 norddeutschen Unternehmen komme dabei eine Schlüsselrolle zu, schließlich befände sich eine der größten Industrieregionen Europas nicht mehr im Ruhrgebiet, sondern in der Metropolregion Hamburg, zu der Standorte wie Stade und Brunsbüttel gehören.

Diese Beispiele haben gezeigt, wie stromintensive Industriebetriebe zum Klimaschutz beitragen können. Allen voran die Metallverarbeitung: Allein die drei großen Unternehmen Aurubis, Trimet (Aluminium) und ArcelorMittal (Stahl) haben einen Anteil von etwa 27 Prozent am Stromverbrauch in Hamburg.[98] Die *Power-to-Steam*-Anlage bei Aurubis ist heute noch in Betrieb »und dient weiterhin der Flexibilisierung der Energieerzeugung beziehungsweise des Energiemixes«, wie ein Unternehmenssprecher auf Nachfrage mitteilte.

Bei allem Engagement für den Klimaschutz ist so ein Werksgelände voller Metallhaufen sicher nicht das, was sich Naturromantiker unter einem idealen Lebensraum für Tiere vorstellen. Doch für manche Tiere bieten Industriegebiete auch Vorteile, weil sie aus ihrer Sicht relativ störungsfrei sind. Mit den Prozessen, die da in einer gewissen Regelmäßigkeit ablaufen, können sie sich arrangieren. Bekanntestes

Beispiel für ein solches Miteinander sind Wölfe auf Truppenübungsplätzen.[99] Wenn dann noch auf den Einsatz von Pestiziden verzichtet wird, wie bei Aurubis – umso besser für alle. Seit 2014 ist das Gelände im Rahmen eines Umweltprogramms zum Revier eines Wanderfalken geworden, der dort vor allem Tauben jagt. An einem Schornstein wurde in 50 Meter Höhe eine Nisthilfe angebracht; im Jahr 2018 gab es dort erstmals Nachwuchs. 2021 auch. Und vielleicht in diesem Jahr wieder?

4. Ganzheitliches Konzept: Ein Industriegebiet bei Rostock lebt vom Wasserstoff

Natürlich hätte ich auch mit der S-Bahn fahren können. Aber Peter Sponholz, technischer Leiter von Apex, bietet an, mich vom Hauptbahnhof Rostock abzuholen, um gemeinsam zum Firmensitz in Rostock-Laage zu fahren. An einem trüben Dezembertag, knapp zwei Wochen vor Heiligabend, empfängt er mich mit einem blauen Wasserstoffauto am Bahnhof – in einer Zeit, als manche Betriebe in anderen Bundesländern wegen Corona trotz Einhaltung aller Regeln keine Besucher mehr zulassen. So nehme ich doppelt froh auf dem Beifahrersitz Platz, und während Peter Sponholz den Wagen losschnurren lässt, beginnen wir auch gleich, uns über die Chancen einer neuen Wasserstoffwelt auszutauschen. Dazu gehören die Energie- und Klimaschutzziele der frisch gegründeten Ampelkoalition ebenso wie die Idee, Wasserstoff künftig in Ameisensäure zu speichern – darin ist Sponholz nämlich Experte. Bevor der promovierte Chemiker mit der grauen Fliege vor drei Jahren zum Energiedienstleister Apex kam, hat er unter anderem daran am Leibniz-Institut für Katalyse e.V. (LIKAT) in Rostock geforscht.

Das mit selbst produziertem grünen H_2 betankte Auto fährt so leise, wie man es auch von batteriegetriebenen Pkw kennt aus der Stadt und über Landstraßen. Die Abwesenheit von Motorenlärm ist der neue Luxus, denke ich. Obendrein frei von Stickoxiden und CO_2-Emissionen. Ein Balsam für geplagte Großstädter. Woher der Strom für die Erzeugung des Wasserstoffs kommt, möchte ich wissen. Von einer Freiflächen-Fotovoltaik-Anlage, ein paar Kilometer vom Firmensitz entfernt, erklärt Peter Sponholz. Der Sonnenstrom fließt direkt zum Apex-Gelände und dort in die eigene 2-MW-Elektrolyseanlage. Die Solarmodule sind nicht nach Süden ausgerichtet, sondern nach Osten und Westen. Dadurch decken sie den Bedarf für morgens und abends schon ganz gut ab. »Als Ergänzung beziehen wir zertifizierten grünen Strom aus dem öffentlichen Netz«, sagt Sponholz, während der Wasserstoffwagen zwischen Wiesen und Äckern zu schweben scheint und das Firmengelände in Sicht kommt.

Bevor der technische Leiter mir den Betrieb von innen zeigt, schlägt er vor, noch eine Runde mit dem Auto um das 20 Hektar große Firmengelände zu drehen. »Dann brauchen wir nicht so viel zu laufen«, sagt er lächelnd und verweist auf seine leicht schmerzenden Knie nach dem Eishockeyspiel am Vortag. Die Extrarunde kommt mir gerade recht, so kann ich mich noch ein wenig in der Gegend umschauen. In der winterlich entlaubten Krone eines Baums sehe ich einen Greifvogel sitzen, der seinen Blick über die Wiese schweifen lässt, auf der die Industriehallen stehen: rechteckige, flache Gebäude in Weiß oder Grau. Wir fahren weiter bis zur Wasserstofftankstelle am Rande des Betriebsgeländes. Die beiden H_2-Zapfsäulen sind öffentlich zugänglich und bieten verschiedene Druckstufen: 700 bar für Pkw und 350 bar für Lkw und Busse.[100] Auf dem Apex-Gelände befindet sich die erste und bislang einzige H_2-Zapfsäule für Schwerlastverkehr in Mecklenburg-Vorpommern. Auch der erste Wasserstoffbus des Bundeslandes, der im Mai 2021 seinen Testbetrieb aufnahm, holt hier seinen Kraftstoff. »In Zukunft tanken hier weitere mit Wasserstoff betriebene Busse des öffentlichen Nahverkehrs«, sagt Peter Sponholz. Gerade Linienbusse, die am Tag mehrere Hundert Kilometer zurücklegen, sparen mit Hilfe eines H_2-Antriebs über die Jahre erhebliche Mengen an Kohlendioxid ein. Nicht zuletzt deshalb hat der Energieminister von Mecklenburg-Vorpommern, der bei der Inbetriebnahme des Busses dabei war, verkündet, dass sein Land beim Thema Wasserstoff für die Energiewende »ganz vorn mit dabei sein« wolle.[101]

In Deutschland gibt es derzeit rund 150 öffentliche H_2-Tankstellen,[102] aber nur knapp 30 eignen sich für die Betankung von Bussen und Lkw. Von Rostock aus liegen die nächsten H_2-Stationen mit einer Druckstufe von 350 bar in Hamburg oder in Prenzlau in der Uckermark. Apex verfügt darüber hinaus über eine eigene Trailer-Abfüllstation (300 bar); so kann die Firma ihren grünen Wasserstoff in einem Spezialcontainer per Lastwagen an Abnehmer in der Region liefern. Ein Kunde ist beispielsweise das Unternehmen Plug Power, dessen H_2-Gabelstapler im Amazon-Logistikzentrum in Dummerstorf im Einsatz sind und ab 2022 aus einem auf dem Gelände geparkten Apex-Trailer mit Wasserstoff versorgt werden.

Das Unternehmen in Rostock-Laage mit rund 50 Mitarbeitern produziert mit Hilfe der 2-MW-Elektrolyse um die 150 Tonnen grünen Wasserstoff im Jahr.[103] Durch die frühzeitige Planung eines ganzheitlichen und integrierten Systems mit Ökostrom und dessen Speicherung gehört Firmengründer Mathias Hehmann, Geschäftsführer der Apex Group, zu den Pionieren der Energiewende. Dabei ist er kein Ingenieur, wie es vielleicht naheliegend wäre, sondern ein Quereinsteiger, der in den 1990er Jahren buchstäblich in einer Garage begann. Die mietete der Installateur und Heizungsbaumeister in seinem Geburtsort Teterow an und setzte dort seine ersten Solarstromanlagen zusammen. Später beschäftigte er sich ausgiebig mit der Frage, wie man die so gewonnene Energie speichern könnte, und kam dabei auf das Thema Wasserstoff.

Peter Sponholz stellt den Wagen auf dem Parkplatz ab und führt mich zum Verwaltungsgebäude von Apex: ein langgezogener Flachbau aus Glas und Stahl. Beim Eintreten fällt mein Blick als Erstes auf das groß an die Wand geschriebene bekannte Jules-Verne-Zitat: »Wasserstoff wird das neue Erdöl sein.« Wir gehen weiter in den Konferenzsaal. Durch die bodentiefen Fenster blickt man in die ländliche Umgebung mit Äckern, Feldern und Waldstücken. Ein nahe gelegenes Dorf ist nur deshalb zu sehen, weil sein Kirchturm über die Baumkronen ragt. Auf den Nachbargrundstücken zur anderen Seite sieht man zwei große Hallen: die eines Logistikers und die Produktionshalle von Rhodius, einem Zulieferer der Automobilbranche und neuen Kooperationspartner der Wasserstoff-Pioniere, der aus Bayern stammt.

Aus Bayern? Ja! Der Mittelständler mit der fast 100-jährigen Firmentradition und Kunden wie BMW, VW oder Bosch investiert hier einen zweistelligen Millionenbetrag in Maschinen und Anlagen für seinen neu gegründeten Geschäftsbereich Welding Technology Solutions. Und er schafft 60 Arbeitsplätze, vor allem im Bereich Roboter- und Laserschweißtechnik.[104] Die Firma, die 1925 im mittelfränkischen Weißenburg gegründet wurde, produziert zwar schon seit 2002 z. B. Airbags, Filter und Rohre in Laage. Warum jedoch auch die Wahl der neuen Produktionsstätte auf den Nordosten der Republik fiel, erklärte Knut Kille, Geschäftsführer von Rhodius, gegenüber der *Ostsee-Zeitung* folgendermaßen: »Wir haben die Infrastruktur am Standort in Bayern nicht, aber in Laage bei Apex finden wir das alles vor.«[105] Vom benachbarten Energiedienstleister kämen erst mal grüner Strom und grüne Wärme und perspektivisch auch grüner Wasserstoff. Gemeinsam, so Sponholz, wollen sie hier einen der ersten CO_2-neutralen Industrieparks Europas realisieren.

Das klingt ambitioniert und geht genau in die Richtung, die Fachleute vorhergesagt haben – oder auch befürchten, je nach Perspektive: die Verlagerung von Industrie und Gewerbe hin zum Ort der Energieerzeugung. Was früher für Kohle und Atom galt, trifft künftig mehr und mehr für erneuerbare Energien zu. Und da hat Norddeutschland mit seinen starken Windkapazitäten bislang die Nase vorn. Das nordöstliche Bundesland setzt, obwohl es sich lange auf die Gaspipeline Nord Stream 2 verlassen hat, auf Wasserstoff – mit nicht weniger ehrgeizigen Zielen als die anderen vier »Nordlichter«. Denn fünf norddeutsche Bundesländer haben schon frühzeitig ihre eigene Wasserstoffstrategie vorgelegt – noch bevor die damalige Bundesregierung 2020 mit ihrer nationalen Wasserstoffstrategie herauskam. Die drei Flächenstaaten Schleswig-Holstein, Niedersachsen und Mecklenburg-Vorpommern wollen zusammen mit Hamburg und Bremen all ihre Kräfte und Kompetenzen bündeln, um eine regionale Wasserstoffwirtschaft[106] aufzuziehen. Und durch die Lage Deutschlands zwischen Skandinavien, Großbritannien und den Niederlanden wird eine derartige regionale Wasserstoffwirtschaft in naher Zukunft auch im europäischen Kontext eine wichtige Rolle spielen (s. z. B. Kapitel II.2).

Nachdem Apex und Rhodius ihren 20-Jahres-Vertrag besiegelt hatten, erfolgte im März 2021 der offizielle Spatenstich im Beisein von Ministerpräsidentin Manuela Schwesig. Mecklenburg-Vorpommern setze auf eine Zukunft mit grünem Wasserstoff, weil das Land schon jetzt mehr Ökostrom erzeuge, als es selbst verbrauchen könne, sagte Schwesig.[107]

Das Wasserstoffzentrum in Laage bietet Industrie- und Gewerbekunden ein umfangreiches Portfolio an Energiedienstleistungen rund um das grüne Gas. Das Zentrum umfasst die ganze Bandbreite von der Erzeugung über die Speicherung bis zum Transport und Verbrauch. Wie die einzelnen Komponenten aussehen, zeigt mir Peter Sponholz während eines Rundgangs zu den verschiedenen technischen Einrichtungen. Wir durchqueren eine luftige Halle, die früher zu einer Großdruckerei gehörte, und bleiben vor einer Installation neben einem offenen Container stehen. »Das ist eine mobile H_2-Station, für zu Hause oder für Flottenbesitzer«, erklärt Sponholz, als technischer Leiter in seinem Element. »Analog zur Wallbox für batterieelektrische Autos.« Es kommt mir fast symbolisch vor, dass an einem Ort, wo einmal massenhaft Kataloge und Broschüren gedruckt wurden, nun die Zeitenwende zum Wasserstoff eingeläutet wird.

Wir gehen nach draußen, auf den Vorplatz der Halle, der neben der H_2-Tankstelle liegt. Von der eingangs erwähnten Solaranlage mit 11,5 MW Leistung gelangt der Strom ins firmeninterne Netz und der Überschuss in die 2-MW-Anlage zur Spaltung von Wasser. Der dabei gewonnene Wasserstoff wird in Druckbehältern gespeichert, die in vier Containern gegenüber dem Elektrolyseur untergebracht sind. Daneben befinden sich zwei verschiedene Komponenten, um gespeicherten Wasserstoff bei Bedarf rückverstromen zu können: eine Brennstoffzelle – in einem blauen Container – und das grün lackierte Blockheizkraftwerk. Die Abwärme aus beiden Komponenten wird in einem Wassertank gespeichert. »Mit der Wärmenutzung kommen wir auf einen Gesamtwirkungsgrad von 80 bis 90 Prozent«, sagt Peter Sponholz. Ein Batteriespeicher mit einer Kapazität von einer Megawattstunde vervollständigt die Infrastruktur auf dem Betriebshof. Er dient vor allem der kurzfristigen Speicherung des Ökostroms. Mit seiner Hilfe wäre auch ein Inselbetrieb möglich oder – bei Anschluss ans öffentliche Stromnetz – die Bereitstellung von sogenannter Regelenergie. Letztere braucht wiederum jeder Netzbetreiber, um Stromschwankungen auszugleichen und das Netz zu stabilisieren.

Das gesamte System in Rostock-Laage ist modular aufgebaut, damit Industrie- und Gewerbekunden die einzelnen Komponenten individuell nach Bedarf auswählen können. Die Firma ist allerdings kein Produzent von Anlagen, sondern eben ein Energiedienstleister – ähnlich einem Versicherungsmakler, erklärt Peter Sponholz: »Wir sind unabhängig und suchen für unsere Kunden das aus, was am besten für sie passt. Wir haben auch eine Simulationssoftware entwickelt, um ihnen eine maßgeschneiderte Lösung für ihr eigenes Verbrauchsprofil bieten zu können.« Das Speichermanagement kann zudem je nach Wetterprognose »intelligent« gesteuert werden. Wenn zum Beispiel viel Wind erwartet wird, ist es ratsam, den Speicher so weit zu leeren, dass Platz für neue Energie geschaffen wird.

Durch die direkte Nutzung ihres selbst erzeugten Ökostroms für die Elektrolyse entfallen die sonst üblichen Steuern, Umlagen und Netzentgelte. Also das, was anderen Unternehmen, die nicht über eine vergleichbare Infrastruktur verfügen, potenzielle Geschäftsmodelle vermiest. Derart mit staatlichen Abgaben belastet, kann Wasserstoff nicht annähernd wettbewerbsfähig ohne CO_2-Emissionen produziert werden. Das hat inzwischen auch die Politik erkannt und Besserung versprochen; leider ein paar Jahre zu spät, wodurch wertvolle Zeit verloren ging. Was einen weiteren Grund für die bislang noch höheren Kosten von grünem Wasserstoff etwa gegenüber grauem angeht, nämlich dass dieses Konzept noch relativ jung ist und Elektrolyseure bislang aufwendig in Einzelarbeit hergestellt werden, das wird sich nach Ansicht aller Beteiligten bald ändern. Denn der Bedarf steigt gewaltig, und die Anlagen werden künftig in Serie gefertigt werden.

Mit einem so umfangreichen Technologiekomplex, wie er in Rostock aufgebaut wurde, musste Apex auch selbst erst mal Erfahrungen im Realbetrieb sammeln. Allein schon, was Planungsprozesse und behördliche Genehmigungsverfahren angeht – bekanntlich in den vergangenen Jahren ein

Hemmschuh auch in vielen anderen Wirtschaftsbereichen in Deutschland –, haben sie absolutes Neuland betreten. Für seine Vision und seine Hartnäckigkeit gewann Apex kurz vor meinem Besuch als weitere Auszeichnung den *German Renewables Award* des Clusters Erneuerbare Energien Hamburg in der Kategorie »Wasserstoffinnovation des Jahres«. Für Mathias Hehmann, Gründer von Apex Energy und Geschäftsführer der Apex Group, ist das »ein riesiger Ansporn. Wir treiben das Thema Wasserstoff mit voller Kraft voran – mit innovativen und praktischen Anwendungen.«[108]

Der nächste Elektrolyseur ist schon geplant, und der soll dann gleich eine Leistung von 105 MW erbringen. Davon wären rund 30 MW als Abwärme nutzbar. Das würde einen gewaltigen Sprung nach vorn und hin zu viel größeren Erzeugungskapazitäten bedeuten.

Auch an anderen Orten in Deutschland sowie in anderen Ländern wird bereits in vergleichbarer Dimension geplant, zum Beispiel in Hamburg (s. Kapitel III.5) oder im Rheinland[109]. Noch aber gibt es so große Elektrolyseure nirgends auf der Welt. Im kanadischen Québec baut die Thyssenkrupp-Elektrolyse-Tochter eine 88-MW-Anlage, die Ende 2023 in Betrieb gehen soll.[110] Apex will ab 2024 seine Elektrolyse-Kapazitäten erweitern, wobei 20 MW im Jahr 2026 in Betrieb genommen werden sollen. Der Ausbau auf über 100 MW soll dann 2030 erreicht werden. Die dafür erforderlichen Mengen an Solar- und Windstrom sind schon gesichert, so Sponholz. Der Plan steht allerdings unter dem Vorbehalt einer EU-Förderung im Rahmen von IPCEI[111] *(Important Projects of Common European Interest)*. Apex gehört zu den Partnern des regionalen Doing-Hydrogen-Projektes, die sich um europäische Fördermittel bewerben und die erste Runde schon bestanden haben. Weitere Partner sind beispielsweise die Ferngas-Netzbetreiber Gascade und Ontras, die eine H_2-Pipeline von Rostock nach Berlin planen und von dort weiter nach Leuna. Ohnehin soll die Hansestadt an der Ostsee mit ihrem Überseehafen Teil eines Knotenpunktes für Wasserstoff in Ostdeutschland werden, über den das grüne Gas in Zukunft sowohl importiert als auch exportiert werden würde.[112]

Der Stolz von Apex sind die Drucktanks zur Speicherung von Wasserstoff, welche die Firma in Kooperation mit dem Kunststoffhersteller Emano und dem Fraunhofer IGP in Rostock entwickelt hat. Das Besondere an diesen Tanks ist, dass sie innen mit einem speziellen Kunststoff ausgekleidet sind, der das Entweichen des leicht flüchtigen Gases verhindert. Um die Festigkeit so eines Tanks auch nach außen zu gewährleisten, ist er mit einem Spezialmaterial aus schwarzer Kohlefaser ummantelt. Normalerweise steckt das komprimierte Gas in Stahltanks, deshalb sind sie viel schwerer als die Apex-Tanks. »Was da an Know-how drinsteckt, ist unglaublich«, sagt Sponholz. »In unseren Tanks können wir Wasserstoff bis maximal 60 bar auch über längere Zeit – monatelang – sicher speichern. Die Niederdrucktanks werden in Teterow hergestellt und sind vom Lloyds Register zertifiziert.«

Zehn solcher Drucktanks lassen sich in einem 20-Fuß-Container unterbringen, also jenen Standardkästen, die in der Schifffahrt für den Gütertransport verwendet werden, und vor Ort lagern. Für die mobile Verwendung von Wasserstoff, der mit 350 bar als Kraftstoff für Lkw oder Busse mit Brennstoffzellenantrieb dient, hat die Firma Apex mit denselben Kooperationspartnern ein weiteres Speichersystem entwickelt und patentieren lassen.

Der nächste große Coup soll die chemische Speicherung von Wasserstoff werden. Als Trägermedium setzt Apex auf Methanol oder Ameisensäure. Daran arbeitet die Firma gemeinsam mit dem Leibniz-Institut für Katalyse e.V. (LIKAT) in Rostock, wo Sponholz früher forschte und den Doktorgrad erlangte. Er beschäftigte sich dort mit der Erzeugung von Wasserstoff aus nachwachsenden Rohstoffen und dessen Speicherung in flüssigen Verbindungen. »Der Vorteil von in Ameisensäure gespeichertem Wasserstoff liegt darin, dass er sich mit Hilfe der Katalyse bei Raumtemperatur oder zumindest bei unter 100 Grad wieder freisetzen lässt.« Das bedeutet also erheblich weniger Energieaufwand als bei der Speicherung in LOHC (s. Kapitel I.1 und II.2). Hintergrund dieser Forschung ist auch, Wasserstoff zur Herstellung von synthetischen Kraftstoffen zu nutzen, z.B. für künstliches und somit CO_2-neutrales Kerosin. Dieses Thema ist für Apex sogar ganz wörtlich naheliegend: Vom Firmengelände sieht man schon die Halle des Flughafens Rostock-Laage. Er ist nur einen Katzensprung entfernt.

5. In der Pipeline: Der Aufbau von Wasserstoffnetzen in Deutschland

Hamburgs Gasnetz ist eines der größten Verteilnetze in Europa. Mit 7900 Kilometern Länge versorgt es nicht nur Haushalts- und Gewerbekunden, sondern auch viele Industriebetriebe im Hafengebiet. Und genau dort, im Hafen, entsteht in den kommenden Jahren ein Leitungsnetz für grünen Wasserstoff. Mindestens 60 Kilometer lang ist der erste Abschnitt, der ab 2030 in Betrieb gehen soll. Ab dann versorgt das sogenannte Hamburger Wasserstoff-Industrie-Netz (HH-WIN)[113] Industriebetriebe mit grünem Wasserstoff, die heute rund ein Drittel des gesamten Erdgases in der Hansestadt verbrauchen. Das sind laut dem städtischen Unternehmen Gasnetz Hamburg etwa 6,4 Terawattstunden (TWh) pro Jahr. Ersetzt man diese Energiemenge durch Wasserstoff, den ein Elektrolyseur mit Hilfe von Wind- oder Solarstrom erzeugt, sinkt der Kohlendioxidausstoß um 1,2 Millionen Tonnen jährlich, erklärt Gasnetz Hamburg.[114] Derzeit liegt der CO_2-Ausstoß in Hamburg bei 16 Millionen Tonnen pro Jahr. Für den Klimaschutz in der zweitgrößten Stadt Deutschlands bedeutet HH-WIN demnach einen beachtlichen Schritt nach vorn.

Anfangs sollen die neuen Rohre der Hansestadt parallel zu den heutigen Erdgasleitungen verlegt werden; später ist eine Umstellung von Erdgasleitungen auf Wasserstoff geplant. Große Teile dessen, was im Hamburger Hafen an Prozesswärme gebraucht wird – vor allem für die Herstellung von Stahl, Kupfer und Aluminium –, lässt sich auch in Zukunft nicht durch Strom ersetzen: Eine Energiemenge von 20 TWh pro Jahr ist nach Berechnungen von Gasnetz Hamburg und der Umweltbehörde nicht elektrifizierbar und muss deshalb mit Hilfe von grünem Gas generiert werden, also frei von fossilen Rohstoffen.

»Hamburg hat sich ambitionierte Klimaziele gesetzt«, sagte Umweltsenator Jens Kerstan im Winter 2020 bei der Vorstellung der Netzpläne. Damit die Stadt ihre CO_2-Emissionen wie vorgesehen bis 2030 um 55 Prozent senken kann, »müssen wir bei den großen Verbrauchern mit der Dekarbonisierung beginnen – und ihnen auch rechtzeitig ein geeignetes Leitungsnetz bieten. Nur mit grünem Wasserstoff lässt sich der hohe Energiebedarf der Industrie klimafreundlich decken.«[115]

Die Existenz eines Leitungsnetzes gilt als Voraussetzung für den Bau großer Elektrolyseure, um den dort erzeugten Wasserstoff direkt zu den Betrieben der Region transportieren zu können. Außerdem bietet es sich an, bestehende, gut erschlossene Industrieanlagen weiter zu nutzen. Am Standort des Kohlekraftwerks Moorburg, das Anfang 2021 außer Betrieb ging, wird deshalb eine Elektrolyseanlage von mindestens 100 Megawatt errichtet.[116] Um die anfangs hohen Investitionen stemmen zu können, die derzeit noch nicht mal exakt zu beziffern sind, hofft das städtische Unternehmen gemeinsam mit seinen Partnern aus dem eigens dafür gegründeten Wasserstoffverbund Hamburg auf EU-Fördermittel (im Rahmen des IPCEI-Programms). Die beantragte Summe liegt bei 146 Millionen Euro.

Von der unsicheren Finanzierung einmal abgesehen, ist so ein Projekt auch nichts für Ungeduldige: Bis zum ersten Spatenstich dauert es allein aus formalen Gründen noch ein paar Jahre, erklärt Bernd Eilitz, Sprecher von Gasnetz Hamburg, auf Nachfrage. »Aber wenn man die Zukunft gestalten will, muss man trotzdem lange vorher mit der Planung beginnen.« Denn ohne Netz lassen sich die Visionen vom grünen Wasserstoff für eine klimafreundlichere Produktion nicht verwirklichen: »Wir werden schließlich das Bindeglied sein zwischen den Erzeugern oder Importeuren von Wasserstoff und dessen Verbrauchern, also den Industriebetrieben.«[117]

Südlich der Elbe soll dieses Netz dann so bald wie möglich in jenem Gebiet am Hafen entstehen, wo Raffinerien und die Schwergewichte der Metallindustrie produzieren – allesamt große Energieverbraucher des Stadtstaates Hamburg. Mehr als ein Dutzend Unternehmen, die derzeit viel Erdgas abnehmen, wollen in Zukunft auf das klimaneutrale Gas umsteigen, beispielsweise, und wie wir gesehen haben, der Stahlkonzern ArcelorMittal und der Multimetall-Produzent Aurubis. Die geplanten Leitungen sind für eine Kapazität von 3,3 Gigawatt Wasserstoff ausgelegt; damit können sie rund 100 Tonnen Wasserstoff pro Stunde transportieren. Das künftige Netz verknüpft zudem unterschiedliche Wirtschaftsbereiche wie Industrie und Mobilität miteinander, weil auch H_2-Tankstellen angeschlossen werden. Die versorgen dann den Schwerlastverkehr im Hamburger Hafen mit klimaneutralem Treibstoff, ebenso Fahrzeuge und Schiffe der Hafenlogistik. Deren Betreiber, die HHLA (Hamburger Hafen und Logistik AG) plant, eine ganze Reihe verschiedener Fahrzeuge mit Brennstoffzellen in Betrieb zu nehmen, darunter Lkw, Zugmaschinen, Gabelstapler, Leercontainerstapler und eine Rangierlok. Auch die Hamburg Port Authority bereitet sich auf den Einsatz wasserstoffbetriebener Schiffe vor. Und die HADAG, das kommunale Unternehmen, das auf der Elbe die Fähren des öffentlichen Nahverkehrs betreibt, plant den Um- oder Neubau von fünf Schiffen, die sich künftig als Wasserstoff-Hybride fortbewegen sollen. Zusammen betrachtet also praktische Beispiele für die Sektorenkopplung, die dringend nötig ist, um Prozesse im großen Maßstab klimafreundlicher zu gestalten.[118]

Die Umwidmung bestehender Erdgasleitungen für grünen Wasserstoff ist laut Gasnetz Hamburg kein Problem. Bevor allerdings Wasserstoff durch ehemalige Erdgasleitungen strömen kann, müssen diese gründlich gereinigt werden, um sie von Stäuben, Partikeln und gegebenenfalls auch von alten Gasresten zu befreien.

Das Verteilnetz wird später auch an das Fernleitungs-netz angeschlossen. Die Fernleitungsnetzbetreiber Gas (FNB Gas), die den Norden und Süden der Bundesrepublik durch ein Wasserstoffnetz verbinden werden, beginnen mit der Region Nordwestdeutschland. Das Hamburger Wasserstoff-Industrie-Netz liegt dann genau in der Mitte. Wenn künftig große Mengen an erneuerbarem H_2 allein schon an den Nordseeküsten von Schleswig-Holstein und Niedersachsen produziert werden, fungiert die Hansestadt als Drehscheibe für Verbrauch und Import des grünen Gases.[119] Beide Netze, das regionale wie auch das nationale, werden außerdem in das entstehende europäische Wasserstoffnetz eingebettet, das zum Beispiel die Niederlande mit Dänemark über eine H_2-Fernleitung verbinden soll.[120]

Der geplante 100-Megawatt-Elektrolyseur am Standort Moorburg wird bereits in einer frühen Phase als Einspeiser an das Hamburger Wasserstoffnetz angeschlossen. Die Be-treiber von Elektrolyseuren in den an Windrädern reichen Nordländern Schleswig-Holstein und Niedersachsen möch-ten ebenfalls mit an die Leitung, und zwar von Beginn an. Das wenig industrialisierte Schleswig-Holstein erzeugt mehr als 160 Prozent seines Bruttostromverbrauchs aus regenerativen Energiequellen.[121] Immer wieder müssen dort etliche Wind-kraftanlagen abgeschaltet werden, weil das Stromnetz die viele Energie nicht aufnehmen kann; in Niedersachsen ist es ganz ähnlich. Allein im Jahr 2020 betrug die Abregelung für Ökostrom 6146 GWh. Das verursacht Jahr für Jahr hohe Kosten, denn der Verbraucher muss die nicht generierte Elektrizität trotzdem über seine Stromrechnung oder über Steuern zahlen, weil die Ökostromerzeuger Entschädigungen erhalten. Die jährlichen Kosten liegen im hohen dreistelligen Millionenbereich; für 2020 waren es über 760 Millionen Euro.[122] Diesen ökologischen und volkswirtschaftlichen Widersinn abzustellen, wäre ein wünschenswerter Nebeneffekt beim Hochlauf der grünen Wasserstoffwirtschaft – nicht nur in Norddeutschland.

Auch im Ruhrgebiet – dem Inbegriff des industriellen Zentrums in Deutschland – soll ein Wasserstoffnetz entstehen. Das Projekt H2.Ruhr ist Teil einer Allianz von einem Dutzend großer Konzerne, die eine europäische Wertschöpfungskette mit Wasserstoff und Ammoniak aufbauen wollen. Dazu gehören auch die drei Energiekonzerne Eon, die spanische Iberdrola und die italienische Enel Group: Während die Iberdrola und Enel Ökostrom mit Hilfe neu errichteter Fotovoltaik- und Windkraftanlagen in Spanien bzw. Italien produzieren wollen, plant Eon, das Verteilnetz für die grünen Moleküle zu schaffen. Damit sollen Betriebe in dieser dicht besiedelten Industrieregion Zugang zu emissionsfreiem Wasserstoff und grünem Ammoniak erhalten. Bis 2032 soll die Pipeline etappenweise von Duisburg über Essen und Bochum nach Dortmund verlegt werden, um dann bis zu 80 000 Tonnen Wasserstoff pro Jahr an regionale Kunden zu liefern. Das können Stadtwerke und kleine bis mittlere Unternehmen sein, aber auch Großkonzerne der Chemie- und Stahlindustrie. »Neben den großen Konzernen benötigen vor allem auch die vielen mittelständischen Unternehmen in der Region grünen Wasserstoff. Nur so können wir die Klimaziele erreichen«, kommentierte Katherina Reiche das Projekt. Die Vorstandsvorsitzende der Westenergie AG und Vorsitzende des Nationalen Wasserstoffrates betont, der Aufbau einer Wasserstoffwirtschaft sei »für einen Großteil des industriellen Mittelstandes essenziell – und damit für Hunderttausende Arbeitsplätze in Deutschland«.[123]

Auf bis zu 150 Terawattstunden im Jahr 2050 könnte der Bedarf an Wasserstoff im Ruhrgebiet nach Angaben von Eon steigen. 2021 lag der Bedarf bei 17 TWh. »Grüner Wasserstoff ist die einzige wirklich nachhaltige Option zur Dekarbonisierung der Industrie«, verkündet Leonhard Birnbaum, CEO von Eon, in einer Pressemitteilung. »Dafür werden wir in Deutschland langfristig viel mehr Wasserstoff benötigen, als wir selbst produzieren können.« Deshalb brauche es »starke paneuropäische Partnerschaften und leistungsfähige Lieferketten, die jetzt etabliert werden müssen«.[124]

Durch die Kooperation mit Spanien und Italien sollen die günstigeren Konditionen für die Erzeugung von Sonnen- und Windstrom genutzt werden. Auf der iberischen Halbinsel dient der Strom dann vor Ort zur Erzeugung von Wasserstoff mittels Elektrolyse und wird weiter in Ammoniak (NH_3) verwandelt. Voraussichtlich ab 2024 soll dieses Ammoniak per Schiff nach Deutschland transportiert werden: entweder direkt zu den Kunden oder zu einem Speicher. Eon will im Rahmen des H2.Ruhr-Projektes auch untersuchen, ob es sich lohnt, den Wasserstoff für spätere Nutzung aus dem NH_3 wieder abzuspalten. Das kann durch ein Verfahren geschehen, das *Cracken* genannt wird und das auf jeden Fall selbst wieder Energie kostet. Bevor diese neue Technologie also im größeren Maßstab eingesetzt wird, sollte sie deshalb weiter erprobt werden. Der in Italien erzeugte grüne Strom hingegen geht laut Projektplan nach Deutschland und dient erst dort zur Herstellung von Wasserstoff. Bis 2025 ist dafür der Bau einer Elektrolyseanlage vorgesehen, mit anfangs 20 Megawatt Kapazität, die nach und nach ausgebaut werden soll. Ziel sei es, »die Stärken Europas zu nutzen und gemeinsam bis 2032 eine Elektrolyse-Kapazität im dreistelligen Bereich aufzubauen, welche die Grundlage für den Aufbau einer grünen Wasserstoffwirtschaft in Europa bilden wird«, heißt es auf der Projekt-Webseite. So sollen die »Industriezentren in Mittel- und Nordeuropa mit grünem Wasserstoff und grünem Ammoniak« versorgt werden, »mit besonderem Schwerpunkt auf das Ruhrgebiet«.[125]

Unzweifelhaft ist, dass vor allem Industriebetriebe, aber auch andere Unternehmen, ihre Emissionen erheblich senken müssen, um die Klimaziele zu erreichen bzw. schon um auch nur die EU-Richtlinien bis 2030 einzuhalten. Die Realisierung von H2.Ruhr – wie auch anderer Projekte – steht allerdings unter dem Vorbehalt, dass es entsprechende Fördermittel gibt. Hier ist zudem eine kartellrechtliche Genehmigung seitens der EU notwendig, da sich mehrere große Energieversorger zusammengetan haben.

Im östlichen Teil der Bundesrepublik ist ebenfalls ein Wasserstoffnetz in Planung. Und die Voraussetzungen sind denkbar gut, denn »bereits seit Jahrzehnten ist Mitteldeutschland eine funktionierende Wasserstoffregion mit etablierten Wertschöpfungsketten in der chemischen und petrochemischen Industrie«, konstatiert Florian Thamm von Hypos e.V. *(Hydrogen Power & Storage Solutions East Germany)* in der Mitgliederzeitschrift des Deutschen Wasserstoff- und Brennstoffzellen-Verbandes. Aus diesem Grunde gebe es schon eine 150 Kilometer lange Pipeline für Wasserstoff, der allerdings noch konventionell hergestellt wird und somit nicht emissionsfrei ist. In Zukunft könnte diese Pipeline, die unter anderem die Chemiestandorte Leuna, Schkopau und Bitterfeld-Wolfen verbindet, jedoch für grünen Wasserstoff genutzt werden, ebenso wie die unterirdischen Salzkavernen mit ihrem Speicherpotenzial von drei Milliarden Normkubikmetern (Nm^3).[126]

Um in der Metropolregion zwischen Halle, Leipzig und Chemnitz eine sektorenübergreifende grüne Wasserstoffwirtschaft aufbauen zu können, plant eine privatwirtschaftlich organisierte Initiative, die Infrastruktur gemeinsam auszubauen. Etwa 330 Kilometer lang soll die Pipeline werden, die Erzeuger und Verbraucher von Wasserstoff miteinander verbindet. Basierend auf einer Machbarkeitsstudie, ergab sich ein Bedarf von rund 20 Terawattstunden Wasserstoff pro Jahr bis 2040, dem bis dahin aber lediglich potenzielle Elektrolysekapazitäten von 2,5 Terawattstunden jährlich gegenüberstehen. Der Rest müsste importiert werden, etwa über das geplante europäische Fernleitungsnetz für Wasserstoff *(European Hydrogen Backbone)*.

Der Aufbau eines Leitungsnetzes für Wasserstoff gehört auch zu den Voraussetzungen, um die Nationale Wasserstoffstrategie der Bundesregierung umsetzen zu können. Im Zuge der Energiewende entstehen deshalb neue Märkte für die entsprechende Infrastruktur, und die müssen reguliert werden, allerdings ohne Wettbewerb grundsätzlich zu verhindern. Um dies möglichst flexibel zu handhaben, ähnlich wie bei der Telekommunikation, empfiehlt daher die Monopolkommission ein unabhängiges Gremium, das die Bundesregierung zu diesen Themen berät. Zugleich rät sie davon ab, die Nutzung von Wasserstoff- und Erdgasnetz durch ein gemeinsames Netzentgelt zu finanzieren. Die Monopolkommission sieht darin eine Quersubventionierung, die »potenziell zu Fehlinvestitionen in die Wasserstoffinfrastruktur« führt und langfristig die »erwünschte Umstellung auf die Nutzung von Wasserstoff« sogar verzögert.[127] Wie die Netze finanziert werden sollen, ist allerdings noch offen. Die Netzbetreiber wollen eine gemeinsame Entgeltregulierung für beide Netze, also Erdgas und Wasserstoff. Dann würden auch Erdgaskunden für den Aufbau der Wasserstoffinfrastruktur zahlen.

Das nächste Kapitel zeigt, wie schwierig es ist, unsere Mobilität umweltfreundlicher zu gestalten, und wie diese in Zukunft CO_2-ärmer werden könnte.

Kapitel IV

Mobil bleiben: Die Verkehrswende

1. Zu Wasser, zu Lande und in der Luft: Klimaschonend unterwegs

Um die Erwärmung der Erde abzubremsen, ist eine Verkehrswende dringend notwendig. Doch gerade der Bereich Mobilität hat sich lange Zeit kaum in Richtung Klimaschutz bewegt. Die Kohlendioxidemissionen sind seit 1990 unverändert hoch. Effizienzgewinne in einzelnen Bereichen, z.B. durch sparsamere Motoren, wurden meist gleich wieder durch höhere Leistung kassiert. Ein grundlegender Umbau der Mobilität blieb aus. Noch sind viele Städte einseitig auf motorisierten und fossil befeuerten Individualverkehr ausgerichtet – mit allen negativen Folgen, nicht nur für das Klima, sondern auch für die Umwelt und Gesundheit, etwa was die Belastung durch Abgase, Schadstoffe und Lärm angeht. Das kann nicht so bleiben, und langsam setzt tatsächlich eine positive Veränderung ein.

Zumal auch der Druck wächst: Bis 2030 soll der Verkehrssektor seine Treibhausgasemissionen auf 85 Millionen Tonnen CO_2-Äquivalente pro Jahr reduzieren. Das ist rund die Hälfte (minus 48 Prozent) der Menge des Jahres 2019.[128] Im

Gegensatz zum Verbrennungsmotor können wir uns mit Elektromotoren CO_2-frei fortbewegen. Dass sie der künftige Standard im Individualverkehr per Auto sein werden – nicht nur in Deutschland, sondern auch mindestens EU-weit –, darüber sind sich Fachleute einig. Dennoch führt kein Weg daran vorbei, dass wir vor allem weniger Autos auf den Straßen brauchen. Das wiederum ist nur möglich, wenn wir einen besser ausgebauten und komfortableren öffentlichen Personennahverkehr haben, vor allem auf dem Land.

Für Pkw ist der Elektroantrieb am effizientesten. Auf sogenannte synthetische Kraftstoffe, auch E-Fuels genannt, für Pkw-Verbrennungsmotoren zu warten, macht keinen Sinn: Wegen der unvermeidbaren Effizienzverluste sollten E-Fuels nur dort eingesetzt werden, wo es keine Alternativen gibt. Das gilt derzeit vor allem im Flugverkehr, zumal auf längeren Strecken und mit mehr als nur einer Handvoll Passagieren. Die Luftfahrt CO_2-neutral zu machen, ist eine ungleich größere Herausforderung, als Klimaneutralität für Autos zu erreichen. Und sogenannte biogene Kraftstoffe oder Agro-Sprit, die seit über 15 Jahren – von der Politik in Deutschland und der EU gefördert – den fossilen Treibstoffen beigemischt werden, verursachen bekanntermaßen gravierende Umwelt- und Klimaschäden weltweit. Egal, ob dafür Mais, Raps oder Getreide in Europa, Zuckerrohr in Südamerika oder Ölpalmen in Südostasien angebaut werden: Es handelt sich um Monokulturen mit massivem Einsatz von Kunstdünger und Pestiziden. Diese Flächen fehlen dann entweder für den Anbau von Nahrungspflanzen, oder dort wuchsen zuvor ökologisch wertvolle Wälder, die für den Anbau von »Energiepflanzen« gerodet wurden. Allein für den Agrosprit an deutschen Tankstellen werden weltweit 1,2 Millionen Hektar auf diese Weise genutzt, heißt es in einer Studie des ifeu-Instituts im Auftrag der Deutschen Umwelthilfe.[129]

Auch die Ampelkoalition setzt auf E-Mobilität. Für den Pkw-Bereich hat sie sich das Ziel gesetzt, bis 2030 mindestens 15 Millionen vollelektrische Autos auf die Straße zu bringen. Es handelt sich also um rein batteriegetriebene Fahrzeuge und nicht um »Hybride«. Um mehr Menschen, die auf ihr Auto nicht verzichten können oder wollen, zum Umstieg auf Elektroautos zu bewegen, braucht es eine flächendeckende Lade-Infrastruktur und ausreichend regenerativen Strom für die Batterien. Für mehr Ökostrom soll nun der massive Ausbau von Wind- und Solaranlagen sorgen. Fossile Kraftstoffe werden sich ohnehin (auch jenseits globaler Konfliktlagen) weiter verteuern, allein schon wegen der steigenden CO_2-Bepreisung.

Trotzdem ist noch nicht einmal absehbar, wie im Individualverkehr per Pkw das anvisierte Ziel erreicht werden soll, bis 2030 die Kohlendioxidemissionen auf 52 Millionen Tonnen zu senken. 15 Millionen vollelektrische Pkw, die Autos mit Verbrennungsmotor ersetzen sollen, reichen dafür nicht aus. So zumindest lautet das Fazit einer Studie des Wuppertal Instituts im Auftrag der Umweltorganisation Greenpeace.[130] Nach ihren Berechnungen fehlen weitere fünf Millionen E-Autos als Ersatz für Diesel- und Verbrenner-Pkw, um das 2030er-Ziel der CO_2-Reduktion für diesen Teilbereich des Verkehrssektors zu erreichen.

Doch auch das würde nicht reichen. Umwelt- und Naturschutzorganisationen sind sich einig: Für den Klimaschutz vorrangig sind, wie bereits erwähnt, die Reduzierung von Privatautos und der Ausbau des Nahverkehrs. Das betont auch

Harald Kipke, Professor für Intelligente Verkehrsplanung an der Technischen Hochschule Nürnberg, der davon ausgeht, dass die Pariser Klimaziele allein mit einer Antriebswende nicht zu erreichen sind. »Wir müssen den Autoverkehr halbieren«, stellt er gegenüber dem *Tagesspiegel Background* fest, und im besten Fall den privaten Pkw obsolet machen: »Den Zwang zur Mobilität aufzuheben, das ist Fortschritt«, so Kipkes These. Er verweist auf die Erfahrungen mit Videokonferenzen während der Pandemie und sieht den ÖPNV in der Schweiz als vorbildlich an, aber auch in Österreich, speziell in Wien, wo die Investitionen in den Nahverkehr und die kompakte Siedlungsstruktur das Auto seiner Meinung nach überflüssig gemacht hätten.[131]

Ganz gleich, ob man Kipkes Einschätzung teilt oder nicht, zeigt sich aber bereits seit Anfang 2022, dass die Hersteller mangels Material die stark gestiegene Nachfrage nach E-Autos gar nicht mehr befriedigen können: Die meisten der bestellten Fahrzeuge können erst ab 2023 geliefert werden.[132] Bis dahin hat sich zumindest auch die Lade-Infrastruktur weiter verbessert, könnte man sarkastisch anmerken. Doch aus dem Dilemma der zu hohen Treibhausgasemissionen kommen wir im Bereich der individuellen Mobilität so schnell nicht heraus. Vor diesem Hintergrund ist es nicht nachvollziehbar, dass die schnellste und einfachste Methode, zumindest einen Teil der CO_2-Emissionen einzusparen, noch vor dem Start der neuen Bundesregierung verworfen wurde: ein Tempolimit auf deutschen Autobahnen. Es hätte auch für mehr Sicherheit und weniger (schwere) Unfälle gesorgt.

Noch viel schwieriger wird der Klimaschutz im Bereich des Schwerlastverkehrs. In Deutschland verursachen Nutzfahrzeuge ungefähr ein Drittel der Treibhausgasemissionen im Verkehr.[133] Und dabei sind vor allem schwere Lkw für große Mengen des Kohlendioxidausstoßes verantwortlich, denn sie werden fast ausschließlich mit Dieselkraftstoff betrieben. »Ein Flottenaustausch zugunsten alternativer Antriebstechnologien kann somit ein wirksamer Hebel zur Verringerung von CO_2-Emissionen im Verkehrssektor sein«, weiß auch das Bundesverkehrsministerium.[134] Aber bis aus dieser Erkenntnis flächendeckend konkrete Taten werden, ist es noch ein weiter Weg. Vermutlich auch, weil diese Erkenntnis sehr spät kommt: Wenn die Bundesregierung das Ziel hat, »bis 2030 etwa ein Drittel der Fahrleistung im schweren Straßengüterverkehr durch alternative Antriebe« zu ersetzen,[135] wird auch das eine Herausforderung.

Immerhin: Für kleinere Laster oder Transporter im lokalen Verteilverkehr eignet sich ebenfalls der rein batterieelektrische Antrieb. Und solche Fahrzeuge sind ja bereits im Einsatz, wenn auch noch vergleichsweise wenige. Aber für die großen und schweren Lkw und Sattelschlepper, die Waren und Güter über Hunderte Kilometer durch Deutschland fahren beziehungsweise Tausende Kilometer quer durch Europa, gilt das nicht. Eine rein batteriegetriebene E-Mobilität ist für diese Fahrzeuge nicht sinnvoll, außer auf den wenigen Strecken mit Oberleitungen. Sie brauchen Wasserstoff und Brennstoffzellen. Einige Hersteller entwickeln und testen die ersten Lkw mit Brennstoffzellenantrieb endlich auch hierzulande. Doch die Schweiz hat sie als Erste auf die Straße gebracht.

Der Förderverein H2 Mobilität Schweiz, eine privatwirtschaftliche Initiative von Transport- und Logistikunternehmen mit dem Ziel, ein flächendeckendes Netz an Wasserstofftankstellen aufzubauen, ist ein Trendsetter in der Dekarbonisierung des Schwerlastverkehrs. Durch seine Tatkraft hat es die Schweiz geschafft, europaweit die ersten brennstoffzellenbetriebenen Lkw mit erneuerbarem Wasserstoff in den Verkehr zu bringen. »Lastwagen, Tankstellen, Produktion und Verteilung von grünem Wasserstoff: Das ganze System war von Anfang an als Kreislauf gedacht«, erzählt Rolf Huber, Vorsitzender des Unternehmens H2 Energy in Zürich, das an der Initiative beteiligt ist. »In diesem Kreislauf haben wir die verschiedenen Akteure zusammengebracht: die Produzenten von erneuerbarem Strom, die Produzenten von erneuerbarem Wasserstoff, seine Verteilung, die Betankung, die Lastwagen und die Transporteure, die den Lkw fahren.« Auf dieses Gemeinschaftsprojekt seien sie sehr stolz, fährt er fort. Nicht zuletzt, weil sie das in einem »vernünftigen wirtschaftlichen Rahmen« getan hätten, nämlich mit einem Pay-per-use-Geschäftsmodell, das nach Kilometern abgerechnet wird und auch im Ausland Interesse hervorrufe. Von den rund 50 mit erneuerbarem Wasserstoff versorgten Lkw, die sie seit dem Jahr 2021 auf der Straße haben, hoffen sie, sich »in den kommenden fünf, sechs Jahren auf Tausend oder mehr« zu steigern.[136]

Im Rahmen dieser Initiative lieferte Hyundai im Herbst 2020 seine ersten serienmäßig gefertigten Wasserstoff-Lkw an Schweizer Kunden. Bei dem Xcient Fuel Cell genannten Truck-Modell aus Südkorea handelt es sich um ein Brennstoffzellen-Elektro-Nutzfahrzeug, das komplett und voll beladen 36 Tonnen wiegt. Es enthält zwei Brennstoffzellen mit einer

Leistung von je 95 kW, die parallel mit Hilfe von Wasserstoff aus den Tanks und Sauerstoff aus der Umgebungsluft Strom erzeugen. Diese elektrische Energie treibt einen Motor mit einer Leistung von 350 kW an. Unterstützt wird das ganze System von einer Hochvoltbatterie mit einer Kapazität von 73,2 Kilowattstunden. Die Wasserstofftanks sind hinter der Fahrerkabine montiert. Mit einem Fassungsvermögen von 34,5 Kilogramm Wasserstoff an Bord kann der Truck, je nach Einsatzgebiet, rund 400 Kilometer fahren. Die Reichweite soll aber auf mindestens 1000 Kilometer erhöht werden, erklärt der Hersteller. Aus dem Auspuff der emissionsfreien Fahrzeuge kommt ausschließlich Wasserdampf.[137]

Der Eintritt in den europäischen Markt stehe an erster Stelle, verkündete Hyundai bei der Auslieferung in Luzern,[138] dann sollten Nordamerika und China folgen. In dem folgenden Dreivierteljahr, bis Juli 2021, transportierten die südkoreanischen 36-Tonner Waren und Güter emissionsfrei durch die Schweizer Bergwelt und legten dabei nach Firmenangaben zusammengenommen eine Million Kilometer zurück.[139] Verglichen mit Diesel-Lkw habe diese Wasserstoff-Flotte 631 Tonnen Kohlendioxid eingespart. Parallel dazu hatte der Schweizer Förderverein H2 Mobilität die Zahl der H_2-Tankstellen auf acht erhöht, wohlgemerkt mit Zapfsäulen auch für Lkw. Damit hatte das kleine Land bereits im Sommer 2021 mehr Tankmöglichkeiten für schwere Brennstoffzellen-Nutzfahrzeuge als Deutschland im Frühjahr 2022.

Trotzdem nimmt der südkoreanische Fahrzeughersteller nun auch den deutschen Markt ins Visier und verkündet, seine ersten Brennstoffzellen-Lkw im Laufe des Jahres 2022 nach Deutschland auszuliefern. Noch[140] werden sie hier in Pilotprojekten getestet. Aber ab Sommer oder Herbst 2022 sollen die Wasserstoff-Fahrzeuge regulär auf deutschen Straßen rollen. »Pro Kunde oder Region werden immer mindestens 20 bis 30 Lkw gebündelt an den Start gehen«, zitiert die *Lebensmittel Zeitung* Beat Hirschi, den Vorstandsvorsitzenden von Hyundai Hydrogen Mobility (HHM).[141] Für die Versorgung mit grünem Wasserstoff hatte der Fahrzeughersteller dieses Unternehmen als Joint Venture mit dem Schweizer Unternehmen H2 Energy gegründet. Zugleich arbeitete es mit verschiedenen Firmen am Aufbau eines Wasserstofftankstellennetzes in der Schweiz, das Zapfsäulen für beide Druckstufen (350 und 700 bar) bietet, sodass Lkw und Pkw gleichermaßen dort tanken können, wobei auch über den Einsatz mobiler Tankstellen nachgedacht wird. In Deutschland ebenso wie in der Schweiz werden Lebensmittelhändler die Hauptkunden des südkoreanischen Fahrzeugherstellers sein, um ihre Waren CO_2-frei und geräuscharm zu transportieren, neben Dienstleistern der Logistikbranche.

Bei Wettbewerbern wie dem amerikanischen Hersteller Nikola Motors oder der Allianz von Daimler und Volvo dauert es noch eine Weile, bis sie mit ihren Prototypen in eine Serienfertigung gehen können. Vor 2025 rechnen Daimler und Volvo nicht mit dem Markteintritt in Deutschland.[142]

Abgesehen davon, dass es den großen Herstellern schwerfällt, sich von ihren lange etablierten Geschäftsmodellen zu verabschieden, kommt auch noch das typische Henne-Ei-Problem dazu: Solange die Infrastruktur fehlt, ist es für Lkw-Produzenten ein großes Risiko, in diese Technologien zu investieren. Umgekehrt fragen sich Tankstellenbetreiber, warum sie teure H_2-Zapfsäulen errichten sollen, wenn es mangels Fahrzeugen kaum Bedarf gibt. Die rund 150 öffentlichen Wasserstofftankstellen, die es derzeit[143] in Deutschland gibt, sind fast alle nur für Pkw gedacht. Sie sind mit einer Druckstufe von 700 bar ausgestattet, während große Fahrzeuge wie Lastkraftwagen oder Busse bislang aber noch auf 350 bar ausgelegt sind. Dass Wasserstofflaster und -busse in Deutschland bislang wenig Tankmöglichkeiten haben, will auch das Bundesverkehrsministerium ändern. Darum startete es im Oktober 2021 einen erneuten Förderaufruf, um den Aufbau öffentlich zugänglicher Tankstellen mit grünem Wasserstoff für Nutzfahrzeuge zu unterstützen.[144] Das Firmenkonsortium H2 Mobility, das hierzulande die meisten Wasserstofftankstellen betreibt, hat inzwischen angekündigt, seine bestehenden Zapfsäulen in den kommenden Jahren so umzurüsten, dass auch die großen Nutzfahrzeuge dort tanken können. Bislang gibt es für diese in ganz Deutschland nur wenige Tankmöglichkeiten; eine davon bei Apex Energy Solutions in Rostock-Laage, dem ersten CO_2-freien Industriepark in Deutschland (s. Kapitel III.4). Zu den Gesellschaftern von H2 Mobility gehören Air Liquide, Daimler, Hyundai, Linde, OMV, Shell und das französische Energieunternehmen Total Energies. Die Anfang 2015 gegründete Unternehmensinitiative wird vom Bundesverkehrsministerium und von der Europäischen Kommission gefördert. Weitere Autobauer, wie BMW, Honda, Toyota und Volkswagen, sind »assoziierte Partner« in beratender Funktion.[145] Bei VW mag das erstaunen, weil der Vorstandsvorsitzende Herbert Diess sich noch im Mai 2021 öffentlichkeitswirksam gegen Wasserstoffautos aussprach.[146] Trotzdem kursiert die Vermutung, die Wolfsburger arbeiteten insgeheim mit dem sächsischen Unternehmen Kraftwerk TUBES an einer neuartigen Brennstoffzellentechnologie, die ohne Platin auskommt und somit erheblich kostengünstiger wäre.[147] Man darf also gespannt sein.

Eine Alternative zum Lkw-Verkehr ist und bleibt die Bahn, und mehr Güter auf die Schiene zu verlagern, lautet eine altbekannte Forderung. Die ist auch immer noch richtig. Allerdings sagt sich das leichter, als es sich umsetzen lässt; erst recht, wenn man es lange Zeit versäumt hat, die Weichen konsequent und ambitioniert in diese Richtung zu stellen. Momentan reichen die Zug- und Schienenkapazitäten für eine solche Verlagerung nicht aus, und sie wären selbst dann nicht schnell sicherzustellen, wenn dafür unbegrenzte finanzielle Mittel zur Verfügung stünden. Auch hier besteht erheblicher Nachhol- und Investitionsbedarf; hinzu kommt die notwendige Digitalisierung der Schieneninfrastruktur, im Personen- ebenso wie im Güterverkehr.

Als Zeichen des Fortschritts darf man den »Güterzug der Zukunft« werten, der im Januar 2022 mit einer neuartigen Technik zu einem mehrmonatigen Praxistest gestartet ist, welcher ihn durch Deutschland, Österreich und die Schweiz führen wird. Das Neue an diesem Zug sind die digitalen automatischen Kupplungen (DAK), die das Rangieren ohne Handarbeit möglich und somit schneller machen. Wenn sie sich bewähren, würde das die Kapazität an den Umschlagbahnhöfen erheblich steigern. Zudem können Güterzüge mit Hilfe der neuen Kupplungstechnik länger und schwerer werden und mit höherem Tempo als bisher unterwegs sein, teilte das Bundesverkehrsministerium mit.[148] Und: »Auch die Wagenverbindungen für die Bremsen werden automatisch hergestellt. Erstmals werden Güterwagen mit durchgehenden Strom- und Datenleitungen ausgerüstet sein.«

Weil das DAK-System EU-weit eingeführt wird, löse es einen »über 70 Jahre währenden Missstand« und werde »über eine halbe Million Güterzüge ins 21. Jahrhundert katapultieren«, sagte Bundesverkehrsminister Volker Wissing zum Start des Zuges. Außerdem erleichtert es die »bislang harte Arbeit auf den Güterbahnhöfen«, wie die DB-Vorständin für Güterverkehr Sigrid Nikutta erklärte. Mit DAK das »System Schiene viel einfacher und schneller« zu machen, ist für Nikutta auch ein Anliegen des Klimaschutzes, denn schließlich spare ein Güterzug gegenüber dem Straßentransport 80 bis 100 Prozent CO_2 ein. Nach dem Praxistest in den drei deutschsprachigen Ländern geht die Erprobung des Güterzugs in anderen EU-Ländern bis Ende des Jahres weiter. Die Ergebnisse sollen die digitale automatische Kupplung dann serienreif machen.[149]

Wie die ersten wasserstoff- und rein batterieelektrischen Züge uns schon jetzt beim Klimaschutz helfen und erst recht in der Zukunft helfen werden, davon handelt Kapitel IV.3.

Weniger im Fokus stehen meist die Fernbusse, obwohl sie durchaus eine Rolle im Fernverkehr spielen. Sie verkehren bislang ebenfalls fast ausschließlich dieselbetrieben, doch auch in diesem Bereich gewinnt Wasserstoff an Bedeutung. So verkündete beispielsweise Flix Mobility, der Betreiber der Flixbus-Flotte, dass man bis 2024 die ersten wasserstoffbetriebenen Busse im europäischen Fernverkehr erproben will. Dafür beteiligt sich das Unternehmen gemeinsam mit Freudenberg Fuel Cell e-Power Systems und ZF Friedrichshafen an einem Forschungsprojekt namens HyFleet. Dessen Ziel ist es, ein Brennstoffzellensystem zu entwickeln, welches den herkömmlichen Dieselantrieb bei Fernbussen ersetzen kann und damit klimaneutrales Reisen ermöglicht. Die gemeinnützige Klimaschutzorganisation atmosfair beteiligt sich ebenfalls an dem Projekt, außerdem ein Bushersteller, der die Fahrzeuge später auf den Markt bringen will. Um ausschließlich grünen Wasserstoff zu verwenden, kooperiert Flix Mobility zudem mit Firmen aus den Bereichen Energie und Infrastruktur. Bereits zuvor setzte das Unternehmen nach eigenen Angaben auf alternative Antriebe, etwa auf mit Biogas oder batterieelektrisch angetriebene Busse in Deutschland und Frankreich oder auf einen Bus, dessen Dach mit Solarzellen belegt ist.[150]

Auch die Busflotte von DB Regio wird auf klimafreundlichere Kraftstoffe oder reinen Elektroantrieb umgerüstet. Im Allgäu, in Bad Tölz und in Oberstdorf verkehren bereits sechs mit Ökostrom betriebene batterieelektrische Busse. Der Modelleinsatz in Bayern bietet sich an, denn der Vorteil von E-Mobilen ist ja, dass sie beim Bremsen oder Bergabfahren Energie zurückgewinnen (die sog. Rekuperation). Weitere klimafreundliche und leise Fahrzeuge sind für die DB Regio beispielsweise in Nordrhein-Westfalen und in Schleswig-Holstein unterwegs. Im nördlichsten Bundesland setzt die Bahntochter zwei Wasserstoffbusse im Linienverkehr um Niebüll und Husum ein. Das grüne Gas entsteht mit Hilfe von regionalem Windstrom; die beiden H_2-Zapfsäulen sind Teil des eFarm-Projektes in Nordfriesland. »Eine Tankfüllung reicht für 400 Kilometer, was einem regulären Betriebstag im Linienverkehr entspricht«, verkündet das Unternehmen.[151]

Dass sich die Automobilindustrie umstellt und an der Produktion von emissionsfrei fahrenden Lkw und Bussen arbeitet, die möglichst bald in Serie gehen sollen, ist nur die eine Seite der Medaille. Was aber passiert mit den vielen

Bestandsfahrzeugen? All die Diesel-Brummis, Omnibusse, Müllwagen oder Baufahrzeuge, die ebenfalls emissionsfrei werden müssten? Wie die umgerüstet werden können, zeigt das folgende Kapitel. Kurz gesagt: Es ist eine Riesenchance für kleinere und mittlere Unternehmen beziehungsweise das Handwerk.

2. Aus Alt mach Neu: Wie der Schwerlastverkehr umgerüstet werden kann

Momentan mangelt es hierzulande an (genügend) Herstellern, die an der Entwicklung von Nutzfahrzeugen mit Brennstoffzellen arbeiten und diese auch absehbar in Serie fertigen könnten, sowie an der entsprechenden Infrastruktur. Und der Bereich der Bestandsfahrzeuge ist damit noch gar nicht angesprochen. Doch vorausschauende Unternehmer haben sich zu diesem Thema bereits Gedanken gemacht. Dazu gehört zum Beispiel Clean Logistics: Das Henne-Ei-Problem haben sie im Norden Deutschlands beiseitegeschoben, »die Ärmel hochgekrempelt und einfach gemacht«, wie einer von ihnen, der Lkw-Spezialist und Logistiker Dirk Graszt, berichtet. Und diese Pioniere des Umbaus erreichen einiges, wie wir sehen werden.

August 2021, im niedersächsischen Winsen an der Luhe. Besuch bei der Firma E-Cap Mobility.[152] In einer hohen, luftigen Werkshalle stehen vier große Fahrzeuge auf Hebebühnen nebeneinander: ein Linienbus und drei unterschiedlich große Lastwagen. Ein leichter Hauch von Motoröl ist noch wahrzunehmen. Der ist der Vergangenheit geschuldet und würde in einer Autowerkstatt der Zukunft entfallen. Hier aber begegnen sich die alte und die neue Welt: Fahrzeuge des fossilen Zeitalters, die fit gemacht werden für die Epoche des Wasserstoffs.

Auf dem Boden der Werkshalle liegen ausgebaute Dieselmotoren und Getriebe. An einem imposanten Sattelschlepper (ohne Anhänger) kann man den Fortschritt direkt sehen: Das Fahrerhaus ist nach vorn gekippt, sodass das Fahrgestell und die Achsen freigelegt sind; hinter der Fahrerkabine ist bereits der Wasserstofftank montiert. Die Elektromotoren werden in die Hinterachse der Zugmaschine eingebaut, und für den Strom sorgen Brennstoffzellen, die aus chinesischer Serienfertigung stammen. »China ist uns in der Batterie- und Wasserstoffmobilität um Jahre voraus«, sagt Leonie Behrens, Geschäftsführerin von E-Cap Mobility. Sie spricht aus Erfahrung, denn das norddeutsche Familienunternehmen besitzt eine Niederlassung in Shanghai und bezieht Komponenten für die Umrüstung von Fahrzeugen aus der Volksrepublik.

Bevor sich E-Cap dem Bereich der Lkw und anderer Nutzfahrzeuge zuwandte, baute die Firma vor allem alte Autos um. Sogar sehr alte: Ihre ersten Kunden waren Besitzer von Oldtimern, die für ihre wertvollen Sammlerstücke gern einen umweltfreundlicheren Antrieb wollten. Begonnen hatte es allerdings mit einem alten Trecker des Firmengründers Dirk Lehmann. Als Vorsitzender des Erntefestvereins Scharmbeck führte er mit dem knatternden Fahrzeug den Erntefestumzug an, aber die Landfrauen von Scharmbeck, die hinter dem Traktor gingen, beschwerten sich darüber, dass er sie mit Dieselwolken einnebelte. Und vor lauter

Lärm konnten sie obendrein kaum miteinander reden. Deshalb suchte Lehmann nach einer Möglichkeit, den Trecker auf Elektroantrieb umzurüsten. Und nachdem das gelungen war, kam ihm die Idee, so einen Umbau samt Service auch für andere Fahrzeuge anzubieten.

Das Prinzip der Umrüstung fasst Leonie Behrens vereinfacht so zusammen: Der Verbrennungsmotor samt zugehöriger Technik wird ausgebaut und durch einen Elektromotor, Batterie und die notwendigen Kabel ersetzt. Je nach Fahrzeugklasse und Bedarf – etwa dem Einsatz auf langen Strecken – kommen noch eine Brennstoffzelle und der Wasserstofftank hinzu. Gesteuert wird das Ganze durch eine selbst entwickelte Software, das Energie-Management-System.

Seit der Gründung im Frühjahr 2015 ist der im niedersächsischen Umland von Hamburg gelegene Betrieb ständig gewachsen – auf 50 Mitarbeiter im August 2021. Zu ihnen gehören ganz unterschiedliche Fachkräfte wie Kfz-Mechatroniker, Elektriker, Schlosser, Schweißer, Ingenieure oder Konstruktionsmechaniker, zudem Softwareentwickler und Hochvolttechniker, die mit elektrischen Systemen von mehr als 400 Volt Spannung umgehen können. Weil das eine so rare Spezies ist, haben sie selbst Kfz-Mechatroniker im Umgang mit Hochvoltsystemen weitergebildet, erzählt Behrens. Derzeit gebe es auch noch keinen einzigen von der Industrie- und Handelskammer (IHK) zertifizierten Wasserstofftechniker.[153] Beim Thema Batterien weist Behrens nebenbei darauf hin, dass sie nur Akkus ohne Kobalt, Mangan und Nickel verwenden. Stattdessen werden nichtentflammbare Lithium-Eisen-Phosphat-Akkus (kurz: LiFePo-Akkus) eingesetzt, die z. B. bei Kollisionen, also Verkehrsunfällen, nicht in Brand geraten.

Wie so eine »Konversion«, also der Umbau eines Diesel-Lkw in einen Wasserstofftruck, im Detail aussieht, erklärt Dirk Graszt, Vorstandschef der Firma Clean Logistics und im August 2021 Kooperationspartner von E-Cap Mobility. Der Wirtschaftswissenschaftler, seit über 30 Jahren Spediteur und Logistiker, hat das Geschäft von der Pike auf gelernt, inkl. Lkw-Führerschein. Früher fuhr er selbst manchmal eines der mächtigen Fahrzeuge, »allerdings nur zum Spaß, um das mal kennenzulernen«, wie der Endfünfziger aus Lübeck erzählt.

Graszt steht vor der 44-Tonnen-Zugmaschine, aus der alle Elemente des auf fossile Kraftstoffe ausgerichteten Antriebsstrangs entfernt sind und in die die neuen Komponenten zum Teil schon eingebaut wurden. Einer der Vorteile: »Dadurch, dass wir kein Getriebe und keine Welle mehr brauchen, haben wir viel Platz gewonnen«, sagt er. Statt eines Verbrennungsmotors treiben künftig Elektromotoren an der Hinterachse das schwere Fahrzeug an. Es sind Motoren aus einem ganz anderen Bereich, sagt der Lkw-Spezialist, nämlich solche, die ansonsten Fahrstühle in Bewegung setzen.

Nicht nur die Zugmaschine ist ein Prototyp, sondern auch der Linienbus. Beide wurden im Sommer 2021 mit dem TÜV zusammen entwickelt und sollen 2022 auf die Straße kommen. Wenn alles wie geplant läuft, können dann weitere 20 Fahrzeuge auf Wasserstoff umgerüstet werden und 300 im Jahr 2023. Ziel der kommenden Jahre ist die Hochskalierung auf mehrere Tausend umgebaute Fahrzeuge pro Jahr.

Was jetzt auf die Straße kommt, treibt Graszt schon länger um. 2017 begann er, sich Gedanken darüber zu machen, wie seine Flotte umweltfreundlicher werden könnte. Damals war

Graszt Vorstandschef der Hary AG, eines Logistikunternehmens mit 500 Fahrzeugen. Und nirgends auf der Welt gab es Schwerlaster, die ihre Ware mit weniger CO_2- und Schadstoff-Ausstoß transportieren konnten. Er fragte bei verschiedenen Herstellern an, ohne Erfolg. Die meisten waren nicht einmal bereit, darüber nachzudenken. Einer antwortete ihm sogar, dass es für Fahrzeuge dieser Kategorie keine bessere Lösung gäbe als die altbewährten, zuverlässigen Dieselmotoren. Er solle sich mal nicht »ihren Kopf zerbrechen«. An dieser Blockadehaltung konnte auch der Dieselskandal nichts ändern.

Doch damit wollte Graszt sich nicht zufriedengeben. Durch Zufall erfuhr er von Dirk Lehmann und seiner innovativen Werkstatt in Winsen an der Luhe. Die beiden trafen sich und waren sich schnell einig: 2018 gründeten sie Clean Logistics. Der Name ist Programm, denn »Schmieröl gibt es in unseren Fahrzeugen nicht mehr«. Und der potenzielle Markt ist groß: Allein den Bestand von 40-Tonnern in Deutschland beziffert der Logistiker auf 160 000 Fahrzeuge. Ihr Anteil an der Kategorie der Schwerlaster insgesamt ist zwar überschaubar, weil die Mehrheit der Fahrzeuge kleiner ist, aber dennoch verursachen die 40-Tonner rund 45 Prozent der Lkw-Emissionen hierzulande.[154] Auf europäischen Straßen verkehren mehr als zwei Millionen dieser lärmenden, klima- und gesundheitsschädlichen Lkw zum Gütertransport.[155] Hinzu kommen unzählige Dieselbusse des öffentlichen Personennahverkehrs und die Busse des Fernreiseverkehrs. Somit handelt es sich um eine nicht enden wollende Kolonne an Fahrzeugen, die in Zukunft umgerüstet werden müsste. Beinahe eine Lebensaufgabe für viele kleine und mittelständische Unternehmen im In- und Ausland.

Wenn ein solches Nutzfahrzeug nach sechs bis acht Wochen Arbeit die Werkstatt in Winsen verlässt, macht es keinen Lärm mehr. Emissionsfrei fährt es fortan durchs Land, ist wartungsarm und robust, sagt Graszt und fügt freudig hinzu: »Wenn so ein Lkw die Kasseler Berge herabfährt, wird die Bremsenergie in die Akkus eingespeist.« Der Umbau hat allerdings einen stolzen Preis: Rund eine halbe Million Euro kostet die Konversion so eines Schwergewichts momentan, denn noch sind Brennstoffzellen und Wasserstofftanks samt Zubehör sehr teuer. Ein neuer Diesellaster dieser Kategorie kostet dagegen »nur« um die 100 000 Euro. Die Wasserstoff-Variante kann sich ein Spediteur also erst mal nicht auf Anhieb leisten. Mit finanzieller Unterstützung und Fördermaßnahmen des Bundesverkehrsministeriums ginge das schon eher. Getrieben von der Notwendigkeit, die CO_2-Emissionen im Verkehrssektor schnell zu senken, stehen auch tatsächlich einige Milliarden Euro bereit, unter anderem für den Umbau von Nutzfahrzeugen und den Aufbau der Infrastruktur. Die Differenz der Investitionskosten zur Anschaffung eines neuen Diesel-Lkw wird zu 80 Prozent übernommen.[156] Für den Kunden bleiben rund 150 000 Euro, also immer noch um die 50 000 Euro mehr als ein Diesel-Neufahrzeug.

Doch die beiden Geschäftspartner Lehmann und Graszt rechnen gegen diese Einstiegskosten die Ersparnis auf lange Sicht: So ein umgerüsteter Wasserstofftruck aus ihrer Werkstatt, erklären sie, halte mindestens zehn Jahre, wohingegen ein konventionelles Dieselmodell nach drei bis vier Jahren in den Reparaturbetrieb ginge. Der Grund sind unvermeidbare Verschleißerscheinungen, die teuer behoben werden müssten. Ein mit Brennstoffzellen betriebener Lkw hingegen komme jahrelang ohne Verschleiß aus. »Die Elektromotoren sind wartungsfrei«, sagt Graszt. »Und Wasserstofftanks müssen erstmals nach zehn Jahren in die Revision.« Somit könne ein Spediteur seine Kosten für Wartung und Verschleiß um mehr als die Hälfte senken. Ergo: Die Anfangsinvestition ist zwar höher, die Wartungskosten dagegen niedriger.

Und hinzu komme, erklären Lehmann und Graszt, dass ein solches umgerüstetes Dieselfahrzeug anschließend »wie neu« sei und sogar komplett CO_2-frei. Zu den Investitionskosten kommen die laufenden Betriebskosten. Schwere Lkw, also die über 26 Tonnen, legen pro Jahr zwischen 120000 und 150000 Kilometer zurück, erklärt Graszt. Fossile Energie wird bereits jetzt schnell teurer, während die Preise für erneuerbare Energien absehbar sinken. Und zu den Treibstoffkosten kommen die planmäßig anziehenden CO_2-Preise sowie die steigenden Mautgebühren. Weil aber emissionsfreie Fahrzeuge davon befreit werden, bedeute das im Güterfernverkehr zukünftig eine Ersparnis von 28000 bis 35000 Euro jährlich, hat Graszt errechnet. Noch sind die Preise für grünen Wasserstoff zwar nicht wettbewerbsfähig, aber sie bewegen sich bereits nach unten. Wie bald sie erschwinglich sein werden, hängt nicht zuletzt von den politischen Rahmenbedingungen ab, nämlich ob der Ökostrom zur Herstellung von Wasserstoff von der EEG-Umlage und weiteren Nebenkosten befreit wird. Außerdem werden bald auch die Kosten für die Konversion sinken, denn »je mehr Fahrzeuge wir umrüsten, desto günstiger können wir die technischen Komponenten einkaufen«, erklären die beiden Partner.

Doch auch wenn die Kosten im Moment noch erheblich sind, die Auftragsbücher bei E-Cap bzw. Clean Logistics sind jetzt schon voll. Das mittelständische Unternehmen startet aus der Poleposition in die Zukunft. Vor ein paar Jahren noch als »die Spinner in Winsen« verlacht, wie sich Graszt und Lehmann amüsiert erinnern, zählt heute »das Who's who der Spediteure und Lebensmittelindustrie zu unseren Kunden«. So ist aus einer Ideenschmiede für Liebhaber alter Autos ein ernst zu nehmender Partner für Industrie und Kommunen geworden.

Nachtrag: Als ich mich ein halbes Jahr später, im Februar 2022, wieder mit Leonie Behrens in Verbindung setze, hat sich doch einiges verändert. Seit Dezember 2021 hält das inzwischen börsennotierte Unternehmen Clean Logistics 75 Prozent der Anteile an E-Cap, wo mittlerweile 70 Menschen arbeiten. Behrens, die nun bei der Mutterfirma den Bereich Marketing und Kommunikation leitet, versichert: »Das wird auch so weitergehen«, sagt sie. »Wir brauchen ständig neues Personal.« Die zuständige Industrie- und Handelskammer Lüneburg-Wolfsburg bietet gemeinsam mit der Handwerkskammer ab Mitte Februar erstmals fachspezifische Weiterbildungsseminare zum Thema Wasserstoff an. Bei der Auftaktveranstaltung berichtet E-Cap aus der Praxis, und ähnliche Veranstaltungen bieten in den kommenden Wochen und Monaten auch die Kammern anderer Regionen in ganz Deutschland an. Einer der Omnibusse, der bei E-Cap im Umbau war, verkehrt seit September 2021 im Nationalpark Unteres Odertal in der Uckermark im Linienbetrieb.[157]

Auch mit Dirk Graszt spreche ich noch mal und frage nach dem Sattelschlepper-Prototyp. Der hat nun seine ersten Proberunden auf dem Betriebsgelände hinter sich. Voraussichtlich im März geht es in den Testbetrieb auf die Straße. »Dass das elektrische Antriebskonzept funktioniert, ist einer der größten Meilensteine im neuen Leben eines ehemaligen

Schwerlast-Dieselfahrzeugs«, berichtet Graszt sichtlich stolz. Läuft alles wie geplant, gibt es im Sommer die vollständige Zulassung. Dann wäre dieser Sattelschlepper der erste zugelassene 40-Tonner weltweit, der von Diesel auf Wasserstoff umgerüstet wurde. So eine Zulassung sei auch für die Zertifizierer neu: Die TÜV-Ingenieure lernen im Laufe dieses Entwicklungsprojektes ständig dazu.

Über das noch sehr mangelhafte Tankstellennetz für Wasserstoff-Lkw macht Graszt sich hingegen keine Sorgen. »Ich habe drauf gesetzt, dass die Infrastruktur uns folgen wird«, sagt er. »Und das passiert auch gerade.« Da sei sehr viel in Bewegung gekommen. Außerdem wird an neuen Konzepten gearbeitet, etwa an der sogenannten Kryogas-Betankung für Brennstoffzellen-Lkw im Fernverkehr. Das sehr kalte Druckwasserstoffgas wird aus flüssigem oder gasförmigem Wasserstoff erzeugt, und durch die höhere Speicherdichte werden größere Reichweiten möglich. Die Technik, die im Pkw-Bereich schon von BMW erfolgreich entwickelt und angewandt wurde, wird seit Anfang 2022 im Rahmen eines Verbundprojektes für Lkw weiterentwickelt. Clean Logistics beteiligt sich daran, gemeinsam mit dem Nutzfahrzeughersteller MAN Truck & Bus, der Technischen Universität München und dem Wasserstoff-Start-up Cryomotive. Angestrebtes Ziel ist eine Reichweite von 1000 Kilometern sowie eine Betankungszeit von zehn Minuten. Die Kryogas-Technik kann sowohl in bereits bestehende H_2-Zapfsäulen integriert werden als auch in die neu entstehende Infrastruktur für Flüssigwasserstoff. Mit der Entwicklung und dem Bau eines entsprechenden Prototyps wurde Clean Logistics beauftragt; er wird in einer der Produktionsstätten in Winsen an der Luhe erfolgen. Für die kommenden Jahre erwartet Graszt im Bereich der Wasserstofftechnologien eine große Dynamik. Und ist sehr zuversichtlich. Denn:»Unsere modularen Umrüstsysteme für Sattelzugmaschinen eignen sich für alle emissionsfreien Antriebsarten.«

Neben den schweren Lastern und Omnibussen muss sich für eine Verkehrswende auch viel im Güter- und Personenverkehr auf der Schiene ändern. Wie das mit Hilfe von Akku- und Wasserstoffzügen aussehen kann, zeigt das nächste Kapitel.

3. Von der Eisenbahn zum Wasserstoffzug: Wie die Bahn ihre Verspätung aufholen will

Das goldene Zeitalter der Eisenbahn mit seinem Hauch von Exklusivität ist in Europa längst Geschichte. Die Erinnerung daran findet sich allenfalls in den Nischen von Bahn-Fans und im touristischen Luxussegment. Heute soll Zugfahren für alle attraktiv und erschwinglich sein. Die Schiene ist bereits der umweltfreundlichste Verkehrsträger, verglichen mit Autos, Lkw, Flugzeug oder Schiff. Noch aber mangelt es am Komfort für längere Fahrten in Europa; und solange die Nachtverbindungen zwischen europäischen Hauptstädten nicht (wieder)hergestellt sind, was nun erst sukzessive beginnt, so lange kann die Bahn leider noch nicht ganz mit dem Flugzeug auf der Mittelstrecke konkurrieren.

Es besteht die große Chance, dass die Bahn bald wieder eine Hauptrolle im nationalen wie internationalen Reiseverkehr in Europa spielt. Der Kontinent hat bereits ein gut ausgebautes, wenn auch in weiten Teilen modernisierungsbedürftiges Streckennetz. An der Notwendigkeit, die Schiene für die Verkehrswende zu revitalisieren, zweifelt heute wohl immerhin niemand mehr, allerdings kam auch hier die Einsicht um Jahre zu spät. Wenn die Bahn in Deutschland an ihre lange, erfolgreiche Tradition anknüpfen will, wird der Wasserstoffzug dabei ebenso eine Rolle spielen wie reine Akkuzüge.

Das Unternehmen Deutsche Bahn hat sich vorgenommen, bis zum Jahr 2040 klimaneutral zu sein: Bis spätestens dann will der Staatskonzern keine Lokomotiven mehr mit Diesel betreiben.[158] Stattdessen setzt er auf Ökostrom, Wasserstoff und sogenannte biogene Kraftstoffe. Diese werden aus Rest- und Abfallstoffen hergestellt, sodass ihre Produktion nicht mit dem Anbau von Nutzpflanzen für Nahrungsmittel konkurriert. Auch DB Cargo, die Bahn-Tochter für den Güterverkehr, hat Anfang 2022 ähnliche Ziele verkündet. Zwar würden heute schon rund 50 Prozent des Personen- und Güterverkehrs elektrisch abgewickelt und das sogar überwiegend mit grünem Strom, aber nicht alle Strecken sind elektrifiziert »und werden es auch in Zukunft nicht sein«. Deshalb sollen die Dieselfahrzeuge mit alternativen Kraftstoffen weiterfahren, wofür sie technisch nicht einmal umgerüstet werden müssten. Der dann verwendete biogene Treibstoff »verursacht im Vergleich zu herkömmlichem Diesel bilanziell rund 90 Prozent weniger Treibhausgasemissionen«, heißt es aus dem Unternehmen.[159]

Klimafreundliche Alternativen werden aber nicht nur für Treibstoffe, sondern auch für Antriebe gesucht. Im Fokus der Bahn steht dabei sowohl Wasserstoff als auch der reine Batteriebetrieb. Die ersten Züge mit wiederaufladbaren Akkus testet die Bahntochter DB Regio im Fahrgastbetrieb ab Anfang 2022 in Süddeutschland. In Baden-Württemberg und Bayern wurden für ein paar Monate praktische Erfahrungen mit der neuen Technik in den Bereichen Betrieb und Wartung gesammelt. So verkehrte ein batteriebetriebener Zug unter der Woche auf der gut 60 km langen Strecke zwischen Stuttgart und Horb und am Wochenende im fränkischen Seenland zwischen Pleinfeld und Gunzenhausen. Auf diese Weise lassen sich verschiedene Streckenprofile mit hoher Laufleistung kombinieren und unterschiedliche Lademöglichkeiten auswerten, so die Begründung für die Wahl der beiden Strecken. Im südlichen Baden-Württemberg kann der Zug seine Batterie während der Fahrt über die Oberleitung aufladen; in Franken geht das jeweils nur am Start- und am Zielbahnhof.[160]

Der Test sollte erst Anfang Mai 2022 enden; deshalb konnten die Ergebnisse hier nicht einfließen. Es herrschte jedoch von Anfang an eine gewisse Zuversicht, dass emissionsfreie Batteriezüge in Zukunft verstärkt im ländlichen Raum zum Einsatz kommen können. Das würde nicht nur dem Klimaschutz dienen, sondern nach Angaben der Bahn auch die Fahrzeit zwischen Stadt und Land verkürzen, weil dann direkte Verbindungen zwischen elektrifizierten und nichtelektrifizierten Netzabschnitten angeboten werden könnten.

»Wir brauchen diese Zukunftstechnologie auf der Schiene«, sagte Winfried Hermann, der baden-württembergische Verkehrsminister, anlässlich des Teststarts. »Alternative Antriebstechniken im Bahnverkehr sind wichtig für die Verkehrswende hin zu einer klimaschonenden Mobilität. Auf Strecken, wo der Bau einer Oberleitung schwierig und damit zu teuer ist oder erst in Zukunft realisiert werden kann, werden nach und nach Batterie- oder Wasserstoffzüge zum Einsatz kommen und den bisherigen Dieselbetrieb ersetzen.«[161] Seine bayerische Kollegin Kerstin Schreyer erhoffte sich von diesem Projekt wichtige Erkenntnisse, »weil das bayerische Bahnnetz geradezu prädestiniert ist für den Einsatz solcher Batteriezüge und wir unsere Dieselzüge durch emissionsfreie Antriebe sukzessive ersetzen und im Bahnland Bayern bis spätestens zum Jahr 2040 klimaneutral werden wollen«.[162]

Der batterieelektrische Zug, der sich vor allem für solche kürzeren Strecken wie die des Testverkehrs eignet, wurde seit 2016 vom Schienenfahrzeugbauer Alstom gemeinsam mit der TU Berlin entwickelt. Unterstützt und gefördert wurde das Vorhaben vom Bundesverkehrsministerium sowie der Nationalen Organisation Wasserstoff- und Brennstoffzellentechnologie (NOW). Der Batteriezug gilt als möglicher Nachfolger für 450 Nebenstrecken im deutschen Schienennetz, auf denen bisher nur Dieselzüge verkehren können. Alstom, dessen Hauptsitz in Frankreich ist, hatte bereits im Jahr 2018 international Aufmerksamkeit erregt, weil das Unternehmen in Niedersachsen mit dem Coradia iLint weltweit den ersten mit Brennstoffzellen und Wasserstoff betriebenen Regionalzug auf die Schiene setzte. Dieser Zug ist seit 2014 in deutsch-französischer Zusammenarbeit in Salzgitter und im südfranzösischen Tarbes entwickelt worden, unterstützt mit Bundes- und Landesmitteln.[163]

Als Grundlage für die Wasserstoffinnovation dient ein bewährter Dieseltriebwagen vom Typ Lint 54, der neu gebaut und mit einem Wasserstofftank und einer Brennstoffzelle auf dem Dach ausgestattet wird. Die Brennstoffzelle versorgt die Elektromotoren des Triebwagens mit Strom. Den erzeugt sie, indem sich in ihrem Inneren Wasserstoff mit dem Sauerstoff der Umgebungsluft verbindet: Statt rußiger Dieselschwaden kommen aus dem Auspuff dann nur Wasserdampf und Kondenswasser. Hochleistungsfähige Batterien beziehungsweise Lithium-Ionen-Akkus werden trotzdem auch in einem Wasserstoffzug eingesetzt. Verstaut im Fahrzeugboden, unterstützen sie den Triebwagen bei der Beschleunigung, speichern den Strom der Brennstoffzellen sowie auch jene Energie, die beim Bremsen zurückgewonnen wird. Das erhöht die Effizienz des gesamten Antriebssystems.

Mit einer Tankfüllung schafft der Wasserstoffzug, je nachdem, wie flach oder hügelig die Fahrstrecke ist, 600 bis 1000 Kilometer. Die Höchstgeschwindigkeit beträgt 140 Stundenkilometer, also ähnlich wie bei einem dieselgetriebenen Regionalzug. Von September 2018 bis Ende Februar 2020 waren zwei Prototypen der Coradia iLint-Züge im Probeeinsatz mit Fahrgästen. Die blau lackierten Bahnen, die in der Mitte mit weißen Tupfen übersät sind, welche die Buchstaben H oder O tragen und durch Striche zu stilisierten Wassermolekülen verbunden sind, verkehrten auf einer knapp 100 Kilometer langen Strecke zwischen Cuxhaven, Bremerhaven, Bremervörde und Buxtehude. Betankt wurden sie im Bahnhof Bremervörde mit Hilfe einer mobilen Tankstelle, die in einem Stahlcontainer neben den Gleisen untergebracht war.

Nach mehr als 200 000 gefahrenen Kilometern wurde der Probebetrieb der beiden Vorserienzüge erfolgreich beendet. Die vom Hersteller nach ihrer Meinung befragten Passagiere lobten nach Angaben des Unternehmens insbesondere die im Vergleich zu Dieselzügen ruhige und rüttelfreie Fahrt. Der Betreiber der Prototypen war die Landesnahverkehrsgesellschaft Niedersachsen (LNVG). Nach dem planmäßigen Ende des Probebetriebs kündigte sie an sie, 14 solcher Züge im Laufe des ersten Halbjahres 2022 im regulären Betrieb einzusetzen, und zwar weiterhin in ihrem Weser-Elbe-Netz.[164] Dafür wird die mobile Betankung durch eine feste Wasserstofftankstelle für Personenzüge ersetzt, mit einer Kapazität von 1600 Kilogramm Wasserstoff pro Tag. Errichtet und betrieben wird die Tankstelle vom Gase-Spezialisten Linde. Es gibt zudem die Möglichkeit, das grüne Gas später einmal direkt neben der Tankstelle mit Hilfe eines Elektrolyseurs aus grünem Strom zu erzeugen. Der Platz dafür sei vorhanden, sagt ein Alstom-Sprecher auf Anfrage, man habe das extra mit eingeplant.[165]

Auch der Rhein-Main-Verkehrsverbund (RMV) hat erklärt, gegen Ende 2022 Wasserstoffzüge von Alstom in Hessen einzusetzen. 27 Passagierzüge des Coradia iLint sollen dann im Regionalverkehr durch den Taunus fahren, lokal emissionsfrei und noch leiser als die bereits geräuscharmen Prototypen.[166] Die Brennstoffzellenbahnen sollen dann Dieselloks ersetzen und zum Beispiel in der Umgebung von Frankfurt, Bad Homburg und Königstein oder zwischen Frankfurt-Höchst und Bad Soden verkehren. Mit ihrer Reichweite von 1000 Kilometern pro Wasserstofftankfüllung können sie einen ganzen Tag lang im Netz des Rhein-Main-Verkehrsverbundes fahren. Im Industriegebiet Höchst wird für diese Flotte von der dortigen Betreibergesellschaft eine eigene Wasserstofftankstelle errichtet. Auf dem gut viereinhalb Quadratkilometer großen Industriegelände fällt das Gas ohnehin als Nebenprodukt an. Deshalb wurde dort auch bereits im Jahr 2006 eine Wasserstofftankstelle für Pkw in Betrieb genommen.

Die Zahl 27 mag vielleicht unspektakulär klingen, aber nach Angaben des Rhein-Main-Verkehrsverbundes ist das ein »Weltrekord«. Nirgendwo sonst gebe es eine »so große Flotte im Personennahverkehr«.[167] Das zeigt, dass der Einsatz von Wasserstoffzügen im Nahverkehr noch ziemlich am Anfang steht. Für internationale Konzerne wie Alstom und seine Mitbewerber eröffnet sich damit allerdings zugleich eine große Chance, denn der Bedarf ist erheblich: Nach Angaben von Alstom ist Europa die Region mit dem größten Bahnnetz der Welt, und allein hier sei beinahe die Hälfte der Strecken nicht elektrifiziert.[168] Dort verkehren bislang also konventionelle Dieselloks, sowohl im Personen- als auch im Güterverkehr. Eine Elektrifizierung gilt als aufwendig, teuer und langwierig.

Die Frage ist, ob die Zeit überhaupt ausreicht, wenn man die klimaschädlichen Emissionen im Verkehrssektor möglichst bald bedeutend senken will. Insgesamt verursacht der gesamte Bereich ungefähr ein Viertel des Kohlendioxidausstoßes weltweit. Da die Bahn bereits heute das mit Abstand umweltfreundlichste Verkehrsmittel an Land ist, ist es demnach definitiv sinnvoll, diesen Vorteil weiter auszubauen, indem man Diesellokomotiven durch rein batterieelektrische Züge oder Wasserstoffzüge ersetzt, je nachdem, ob es sich um Kurz- oder Langstrecken handelt. Auch im Bahnland Deutschland sind immer noch rund 40 Prozent des Schienennetzes ohne Oberleitung.[169]

Der Coradia iLint, der im niedersächsischen Salzgitter in Serie gefertigt wird, ist nicht nur in Deutschland, sondern auch in Österreich für den Personenverkehr regulär zugelassen. Dort war er zudem bereits drei Monate im Fahrgastbetrieb. Getestet wurde der Zug ebenfalls in den Niederlanden, in Polen, Frankreich und Schweden. Das Interesse ist also groß und wird sich möglicherweise auch schnell befriedigen lassen: Die Herstellung eines Wasserstoffzugs dauert nicht länger als die eines vergleichbaren Dieselmodells, allerdings ist er teurer in der Anschaffung. Dafür hat sich die Zugtechnik bislang als sehr zuverlässig erwiesen, zudem reduzieren sich die Wartungskosten.

Nachdem sie nun einmal grundsätzlich erprobt wurde, kann die Wasserstofftechnik auch auf andere Dieselzugmodelle – sogenannte »Zug-Plattformen« – übertragen werden. Sie hängt nicht an dem in Deutschland verwendeten Lint-54-Modell, erklärt der Unternehmenssprecher. Verglichen mit einem Dieselzug reduzieren sich, führt er weiter aus, die Kohlendioxidemissionen bei einem mit grünem Wasserstoff betriebenen Zug um 700 Tonnen pro Jahr. Und eine Wasserstofftankstelle für Züge sei im Prinzip kaum anders als die für Pkw und Lkw; von daher könne diese Infrastruktur künftig von sehr unterschiedlichen Fahrzeugen genutzt werden.[170]

Auch die sogenannte »Heidekrautbahn«, die von Berlin nach Nordosten ins brandenburgische Groß Schönebeck führt, soll künftig mit Wasserstoff-Brennstoffzellen-Triebwagen fahren. Dafür hat die zuständige Niederbarnimer Eisenbahn (NEB) sechs solcher Regionalzüge bei Siemens bestellt, die voraussichtlich ab Dezember 2024 auf der Strecke RB27 eingesetzt werden. Ihren blumigen Namen erhielt die Bahn, weil die Anfang des 20. Jahrhunderts eingeweihte Strecke gern für Ausflüge in die Schorfheide genutzt wurde – und wird. Rund 40 Minuten dauert die Fahrt von der Hauptstadt ins Umland. Der grüne Wasserstoff für die Züge soll ausschließlich lokal erzeugt werden; dafür hat die NEB eine Kooperation mit dem Energieerzeuger Enertrag geschlossen, der in Brandenburg Windkraft- und Sonnenstromanlagen betreibt. Auch dieses Vorhaben ist Teil eines Forschungs- und Entwicklungsprojekts, das unter anderem vom Deutschen Zentrum für Luft- und Raumfahrt e.V. wissenschaftlich begleitet wird.[171]

Die Deutsche Bahn sieht ebenfalls den Einsatz von grünem Wasserstoff und Brennstoffzellen als »umweltfreundliche Lösung« für den »Verkehr von morgen« an und als besonders geeignet für den Klimaschutz.[172] Einen entsprechenden Zug will sie ab 2024 gemeinsam mit Siemens Mobility im Raum Tübingen erproben. Dafür wird auch eine Wasserstofftankstelle gebaut, an der ein neues Betankungssystem »mit einer intelligenten Steuerung« dafür sorgen soll, dass der Zug in nur einer Viertelstunde – also so schnell wie ein Dieselzug – aufgetankt wird. Der einjährige Testbetrieb findet auf der Strecke zwischen Tübingen, Horb und Pforzheim statt, da sie sich wegen der »abwechslungsreichen Topografie« und einer Taktung des Fahrplans, die beispielhaft für den Regionalverkehr sei, laut Angaben der Bahn besonders dafür eignet. Rund 330 Tonnen Kohlendioxid sollen allein während der Probezeit eingespart werden.[173]

Die Bahn plant im Rahmen dieses H2goesRail genannten Verbundförderprojektes mit Siemens ein »Gesamtpaket«, bestehend aus Brennstoffzellenzug, Wasserstofftankstelle und Infrastruktur zur Wartung.[174] Der Mireo Plus H, so heißt das Modell, ist ein zweiteiliger Regionalzug, der mit einer Brennstoffzelle und einem Lithium-Ionen-Akku als Puffer ausgestattet ist. Nach Angaben von Siemens wird er »so leistungs-fähig sein wie elektrische Triebzüge und eine Reichweite von 600 Kilometern haben – abhängig von den betrieblichen Einsatzbedingungen wie der Jahreszeit oder der Strecke«. Seine Höchstgeschwindigkeit liegt bei 160 Stundenkilometern, und er schafft eine Beschleunigung von bis zu 1,1 Metern pro Sekunde. Das käme dem geplanten Deutschland-Takt entgegen, für den die Frequenz auf den Strecken ohnehin erhöht werden muss, wirbt das Münchner Unternehmen.[175] Der Geräuschpegel sei niedrig, und auch der Aufwand für Wartung und Instandhaltung sei gering. Siemens Mobility arbeitet außerdem an einer dreiteiligen Variante des Mireo Plus H, die dann eine Reichweite von 1000 Kilometern habe, heißt es. Der Konzern betont, dass es also nicht nur den Zug liefert, sondern auch gleich die gesamte Lieferkette rund um den grünen Wasserstoff mit bedient: »Angefangen bei der Windkraftanlage über den Elektrolyseur zur Erzeugung des Wasserstoffs über die Speicherung im Depot und die Brennstoffzellentechnik an Bord.«[176] Das H_2-Gas wird in Tübingen mit Hilfe von Ökostrom produziert. »Der so gewonnene Wasserstoff wird anschließend verdichtet, in einem mobilen Speicher gelagert und vor dem Tanken im daneben liegenden Tanktrailer aufbereitet und gekühlt«, heißt es auf der Webseite der Bahn zu dem Projekt.[177] Das zeigt auch: Anders als beim Schwerlastverkehr auf der Straße gibt es hier offensichtlich kein Henne-Ei-Problem; es scheint, als hätte man aus den holprigen Anfängen der E- und Wasserstoff-Mobilität auf der Straße gelernt und möchte das von vornherein vermeiden.

Um die Klimaziele für Deutschland zu erreichen, will die Ampelkoalition den Personenverkehr per Bahn bis 2030 verdoppeln. Zudem soll mehr Güterverkehr von der Straße auf die Schiene verlagert werden. Doch das wird aus verschiedenen Gründen nicht einfach; unter anderem deshalb, weil die Preise für Strom stärker gestiegen sind als die für Diesel. So ist das eigene Auto, zumindest für Familien, immer noch günstiger als eine Bahnfahrt. Spediteure bleiben unter diesen Bedingungen weiterhin bei Lkw, statt Güter auf die Bahn zu verlagern. Dabei wäre Interesse nicht zuletzt aufgrund von Personalmangel vorhanden. Aber, wie oben erwähnt, zuerst müssen auch die Kapazitäten für den Güterverkehr ausgebaut werden. Und da, wo die Bahntrassen noch nicht elektrifiziert sind, weil die Oberleitungen fehlen, wäre es theoretisch und aus betriebswirtschaftlichen Gründen für das Staatsunternehmen Bahn günstiger, neue Diesellokomotiven anzuschaffen und auf die künftige Verfügbarkeit der oben genannten synthetischen Kraftstoffe zu hoffen. In dieser Hinsicht scheint die Lage also noch nicht ganz eindeutig. In anderer Hinsicht dagegen schon: »Wir investieren ab 2022 erstmals mehr Geld in die Schiene als in die Straße«, verkündet das Bundesministerium für Verkehr und Innovation auf seiner Webseite zum Thema Klimaschutz stolz in einem animierten GIF.[178] Na immerhin, könnte man sagen. Aber auch: Warum erst jetzt? Das war doch längst überfällig!

4. Vom schwarzen Gold zum grünen Gas: Hafenlogistik und Übersee-Importe

Deutschland[179] kann seinen künftigen Bedarf an grünem Wasserstoff bekanntlich nicht durch eigene Herstellung decken. Darum haben die Häfen begonnen, sich auf den zu erwartenden Import des klimaneutralen Gases und seiner Folgeprodukte wie grünes Methan oder grünen Ammoniak vorzubereiten. Norddeutschland spielt dabei eine zentrale Rolle, allen voran die »Dickschiffe« des Seehandels wie Hamburg, Bremen und Bremerhaven, außerdem Wilhelmshaven, Brunsbüttel und Rostock. Für die weitere Verteilung kommen auch Binnenhäfen infrage, z. B. in Duisburg, Köln, Neuss, Mannheim und Ludwigshafen. Früher oder später werden auch sie mit dem Thema zu tun haben.

Der Hamburger Hafen ist der größte deutsche Seehafen und nach Rotterdam und Antwerpen der drittgrößte Containerhafen in Europa. Mehr als acht Millionen Container wurden in Hamburg im Jahr 2020 umgeschlagen.[180] Dass er für die gesamte Wirtschaft in Deutschland systemrelevant ist, zeigte sich insbesondere während der Corona-Pandemie, als die global gespannten Lieferketten monatelang nicht mehr aufrechtzuerhalten waren. Unabhängig davon jedoch stagniert der Güterumschlag in der Hansestadt schon seit Längerem. Neue Impulse sind gefragt: Digitalisierung ist einer davon, die Verkleinerung des ökologischen Fußabdrucks im Hafenbereich ein anderer. Der Hafenbetrieb samt der im Hafen angesiedelten Unternehmen muss klimaneutral werden.

Vor diesem Hintergrund sieht der Hamburger Senat in der Energiewende auch eine Chance, um die Hafenwirtschaft durch Innovationen zu beleben. Und indem man am

Standort Hamburg die »Stärken stärkt«, wie es Wirtschaftssenator Michael Westhagemann nennt,[181] wozu die Hafenlogistik zählt. In den kommenden Jahrzehnten könnte Hamburg der wichtigste deutsche Knotenpunkt für die Erzeugung und Verteilung von grünem Wasserstoff werden, im Verbund und in Kooperation mit den Nachbarländern, meint Westhagemann. »Wir planen unter anderem neue Pipelines, zum Beispiel von Hamburg über Schleswig-Holstein nach Dänemark«, sagt er in einem Zeitungsinterview.[182] »Die Dänen wollen künstliche Inseln in der Nord- und Ostsee aufschütten und dort mithilfe der Offshore-Windkraft grünen Wasserstoff erzeugen. Auch Schottland hat ein großes Potenzial für die Offshore-Windkraft. Island wiederum wird ein Wasserstoffexporteur werden, mithilfe seiner riesigen Erdwärmequellen, die als Energie für die Elektrolyse genutzt werden können.« Mit den Niederlanden und Schottland habe Hamburg schon Absichtserklärungen für den grünen Wasserstoff unterzeichnet; Dänemark komme demnächst hinzu, erklärt der Senator.

Auch Wilhelmshaven, mit Deutschlands einzigem Tiefwasserhafen JadeWeserPort, wird für die Energiewende eine große Rolle spielen. Das ist eine 180-Grad-Wende, bedenkt man, dass dieser Standort noch bis Herbst 2021 eher im Zusammenhang mit Fracking-Gas aus den USA im Gespräch war, also einem Energieträger, der nicht nur extrem klimaschädlich ist, sondern darüber hinaus aufgrund der eingesetzten giftigen Chemikalien auch besonders umweltzerstörerisch. Der Energiekonzern Uniper plante, in Wilhelmshaven ein LNG-Terminal für das US-Erdgas zu errichten.[183] Nun scheint der Multi auf den Import von klimaneutralem Ammoniak (NH$_3$) umzuschwenken, das auf der Basis von grünem Wasserstoff produziert wird. Dafür erprobt der Konzern, ob sich die Wiederfreisetzung des Wasserstoffs mittels eines Ammoniak-Crackers lohnt. Nicht weit von Wilhelmshaven liegt zudem das Kavernenfeld Etzel, in dem unterirdisch große Mengen Öl und Gas gelagert werden. Der Speicherbetreiber STORAG Etzel will diese fossilen Speicher im Rahmen von Forschungs- und Entwicklungsprojekten zu einem der führenden Wasserstoffspeicher in Europa umrüsten.[184]

Etwas Ähnliches vollzieht sich mit dem geplanten Projekt einer belgischen Investorengruppe, deren führende Köpfe ebenfalls aus der alten Ölindustrie stammen.[185] In Wilhelmshaven wollen sie ein Terminal für grünes Methan errichten und zudem eine Infrastruktur aufbauen, mit deren Hilfe Kohlendioxid künftig im Kreislauf nutzbar wäre – in Kooperation mit Geschäftspartnern auf der Arabischen Halbinsel. Nicht weniger als 2,5 Milliarden Euro würde AtlasInvest aus Belgien dafür investieren, allein im ersten Schritt. Dieser Plan ist nicht nur in finanzieller Hinsicht groß dimensioniert, seine Umsetzung könnte für die Energiewende in der Tat einen großen Sprung nach vorn bedeuten. Denn wenn er wirklich so realisiert würde, könnten bereits ab 2027 große Mengen synthetisches Methan per Tankschiff aus dem Nahen Osten nach Europa kommen. Mehr als zwei Jahre lang hat die Projektgesellschaft Tree Energy Solutions (TES), eine Tochter der belgischen Investoren, den Plan in Wilhelmshaven vorbereitet. Unterstützung erhielt sie vom Stadtrat und der niedersächsischen Landesregierung.[186]

Warum aber eine Zusammenarbeit mit Partnern aus dem Nahen Osten, wenn es doch gerade nicht um Erdöl geht?

Weil auf der Arabischen Halbinsel sehr günstig Solarstrom erzeugt werden kann, mit dessen Hilfe in Elektrolyseanlagen Wasser zur Herstellung von grünem Wasserstoff zerlegt wird. Dieser wird anschließend durch Zuführung von Kohlendioxid »methanisiert«, also in Methan (CH_4) umgewandelt. Es hat dieselben Eigenschaften wie Erdgas und lässt sich mit der bereits vorhandenen Technologie und Infrastruktur weiter verarbeiten beziehungsweise transportieren. Das klimaneutrale Methan könnte via Wilhelmshaven nach Deutschland verschifft werden, wo es in industriellem Maßstab gebraucht wird; etwa zur Defossilisierung der Stahlindustrie (s. Kapitel III.2). Laut Medienberichten soll auf dem Voslapper Groden, einer Aufschüttung vor Wilhelmshaven, eine große Fabrik entstehen, die aus dem Methan wieder Wasserstoff gewinnt. Der Baubeginn ist für 2023 angesetzt.[187]

Im ersten Schritt, ab 2027, planen die belgischen Investoren, synthetisches Methan mit einer Kapazität von 25 Terawattstunden nach Wilhelmshaven zu importieren. Daraus könnten etwa eine halbe Million Tonnen Wasserstoff hergestellt werden. Schon jetzt ist die Nachfrage seitens der Industrie sehr hoch. Außerdem kann ein Teil des grünen Gases direkt ins Erdgasnetz eingespeist werden, wodurch es sowohl zur Strom- als auch zur Wärmeerzeugung zur Verfügung steht. Mit ihrer findigen Geschäftsidee, Kohlendioxid als Trägermedium für Wasserstoff zu nutzen und im Kreislauf zu führen, schlägt die TES zwei Fliegen mit einer Klappe: Die Firma nimmt das bei der Nutzung ihres grünen Methans frei werdende CO_2 zurück und schickt es per Tankschiff wieder zur Arabischen Halbinsel, wo es erneut zur Methanisierung des grünen Wasserstoffs dient.

Das klingt aus energetischer Sicht erst mal ziemlich aufwendig und ist es auch. Jede Umwandlung geht mit Energieverlusten einher, auch der lange Transportweg kostet Energie, und die damit verbundenen Emissionen sind ebenfalls einzukalkulieren, zumindest bis die Schifffahrt durch neue Antriebe sauberer wird. Aber es ist auch ein Anfang, der letztlich mehr Chancen als Risiken birgt, zumal die dringend notwendige Reduktion von Treibhausgasen uns auch wenig Alternativen lässt.

Im TES-Projekt ist geplant, dass sich die Kunden durch die Kreislaufführung des Kohlendioxids ihre Mengen an CO_2 anrechnen lassen können, weil es nicht in die Atmosphäre entweicht und somit auch nicht klimawirksam wird. Dadurch sparen sie das Geld für entsprechende »Verschmutzungsrechte«, also die CO_2-Zertifikate im Europäischen Emissionshandel. Ein weiteres Geschäftsfeld können Kunden mit unvermeidlichen Prozessemissionen sein, wie etwa Zementhersteller. Wenn solche Unternehmen mit der Tochterfirma der Belgier einen Handel zum Export von CO_2 abschließen, können sie ihre Kohlendioxidbilanz ebenfalls verbessern.

Ökonomisch klingt der Plan zumindest realistisch. Im Nahen Osten wird Solarstrom für unter einem Cent pro Kilowattstunde produziert. Der damit erzeugte Wasserstoff ist deshalb schon von vornherein erheblich günstiger, als es in Deutschland oder Europa möglich wäre (zumindest nach heutiger Kenntnis). Die folgende Methanisierung und schließlich die Verflüssigung zwecks Schiffstransport bedeuten zwar weitere Effizienzverluste, dennoch könnte TES den Wasserstoff nach ihrer eigenen Kalkulation für gut drei Euro pro Kilogramm anbieten.[188] Der Preis, den deutsche Elektrolyseur-Betreiber künftig aufrufen müssten, um grünen Wasserstoff rentabel erzeugen zu können, ist deutlich höher. Bislang liegt er günstigstenfalls um die fünf Euro pro Kilogramm Wasserstoff, wenn er als Gas per Pipeline transportiert wird.[189]

Stärker auf den Nordosten ausgerichtet ist der Rostocker Überseehafen, in dem eine Drehscheibe für Wasserstoff und seine Folgeprodukte im baltischen Raum entstehen soll. Auch er profitiert von der Nähe zu Meereswindparks, die den notwendigen Ökostrom für die Herstellung von grünem Wasserstoff liefern können. So ist im Rahmen des Projektes HyTechHafen Rostock bis 2025 der Aufbau von Anlagen geplant, die für die gesamte Wertschöpfungskette vom grünen Wasserstoff bis zum »grünen« Ammoniak für die Düngemittelproduktion notwendig sind. Dazu gehören Elektrolyseanlagen mit einer Kapazität, die mindestens 100 MW betragen und voraussichtlich bis 2030 auf ein Gigawatt steigen soll. Auch hier ist durch die bereits bestehende Infrastruktur gewährleistet, dass Abnehmer im Bereich Industrie, Logistik und maritime Anwendungen aus der Region die künftig produzierten grünen Produkte werden nutzen können. Der Bedarf ist schon jetzt vorhanden, und die Verwertung der bei der Herstellung des Wasserstoffs entstehenden Abwärme ist ebenfalls schon eingeplant: Sie soll dann im Wärmenetz der Hansestadt genutzt werden.

Auch andere Häfen im In- und Ausland bereiten sich auf die künftige Wasserstoffwirtschaft vor. Sie prüfen ihre Kapazitäten und Infrastruktur, suchen Handelspartner, loten Geschäftsbedingungen aus, schließen Kooperationsverträge. So viel Aufbruch hat es lange nicht gegeben. Man spürt es förmlich, wenn man mit den Beteiligten aus Wissenschaft, Wirtschaft und Politik spricht oder wenn sich in Webinaren zum Thema Wasserstoff auf einen Schlag Hunderte Menschen aus aller Welt online vernetzen.[190]

Von der Vorbereitung der Häfen auf Wasserstoffimporte mal abgesehen, bereiten sich viele Unternehmen und Einrichtungen parallel auch darauf vor, ihre an den Terminals eingesetzten Schwerlastfahrzeuge zu dekarbonisieren. Das sind gewaltige Maschinen wie aus einer anderen Welt, die zum Beispiel bis zu 30 Tonnen schwere Container heben, transportieren und senken müssen: ein gewaltiger, dieselbefeuerter Kraftakt, der sich nicht so einfach elektrifizieren lässt. Deshalb kommen als Alternative vor allem Brennstoffzellenfahrzeuge und Wasserstoff in Betracht. Wie das im Detail aussehen kann, zeigt das nächste Kapitel am Beispiel des Hamburger Hafens. Die Erkenntnisse, die dort in den kommenden Jahren aus verschiedenen Forschungsprojekten gewonnen werden, sind auch für andere Häfen von sehr großem Interesse.

5. Von Hamburg in die Welt: Der Hafen auf dem Weg in die Klimaneutralität

Hamburger Hafen, 16. Februar 2022. Der Himmel wie Blei, das Wasser wie Blei. Windböen treiben Regenschauer durch die Luft. Von der Nordsee rauscht das Sturmtief Ylenia heran. Ich stehe mit Karin Debacher auf einer Brücke über der Elbe und blicke auf Hamburgs größten Containerterminal, den Burchardkai im Waltershofer Hafen. Vor uns liegt eine Welt aus Stahl, in der sich ein bizarres Treiben entfaltet. »Das ist der Terminal, den wir im laufenden Betrieb von manuell auf automatisiert umstellen«, erklärt Karin Debacher, die bei der HHLA die Wasserstoff-Projekte leitet. »Das wird sehr aufwendig. Denn so ein Terminal ist an 360 Tagen im Jahr rund um die Uhr im Betrieb.« Nur an fünf Tagen, den sogenannten Hafenfeiertagen, ruht die Arbeit. Und im Gegensatz zum bereits klimaneutralen Terminal Altenwerder – er erhielt weltweit als Erster diese Zertifizierung – lassen sich die anderen Terminals nicht elektrifizieren. Hier muss also Wasserstoff zum Einsatz kommen.

Im Hamburger Hafen wurden im Jahr 2020 rund 126 Millionen Tonnen an Gütern umgeschlagen; knapp die Hälfte davon für den Export. Allein die HHLA, die mehrheitlich im Besitz der Stadt Hamburg ist, setzte im Jahr 2021 an der Elbe beinahe sieben Millionen Standardcontainer um. Als wichtiges Zentrum des Waren- und Güterumschlags für die deutsche und europäische Wirtschaft ist der Hafen zugleich ein Knotenpunkt, in dem alle Verkehrsmittel und ihre jeweilige Infrastruktur zusammentreffen: Schiffe, Züge, Lkw – und, nicht zu vergessen, auch die Luftfracht ist hier angesiedelt. Auf der Elbe flottieren Binnenschiffe ebenso wie die Containerriesen aus Übersee. Die großen Pötte, wie man hier sagt, und die kleineren, Feeder genannten, Zubringerschiffe, welche die Container zum Beispiel nach Skandinavien oder ins Baltikum bringen. Mehr als 8000 Schiffe im Jahr laufen den Hamburger Hafen an, und über 200 Güterzüge pro Tag kommen hier an oder fahren ab.[191]

Anhand der Abläufe, die wir von der Straßenbrücke über dem Hafen sehen können, erklärt mir Karin Debacher, warum an vielen Containerterminals im In- und Ausland künftig auch Wasserstoff eingesetzt werden soll. An der beinahe drei Kilometer langen Kaikante des Burchardkais liegen Schiffe mit turmhoch gestapelten Containern. Ihre Ladung soll schnellstmöglich gelöscht werden; in diesem Geschäft zählen buchstäblich Sekunden. Überragt werden die Schiffe von stählernen Containerbrücken, auch STS-Kräne genannt. Die heben jeden einzelnen der Container vom Schiff und stellen ihn auf dem Kai ab. Damit bilden die Kräne den Anfang eines überwiegend maschinellen Löschvorgangs, der bis in die 1960er Jahre hinein noch von Tausenden von Hafenarbeitern bewältigt wurde.

Als Nächstes fahren zehn Meter hohe, blau lackierte Stahlungetüme geschwind an die Kaikante heran, reihen sich kurz zu einer Warteschlange auf und rollen dann fix nacheinander unter die Containerbrücken. Das sind die Van Carrier. Für mich sehen sie aus wie sehr hochbeinige Baldachine auf Rädern. An der Oberseite ist eine gläserne Gondel angebracht, in der ein Mensch sitzt und das Gefährt aus der Vogelperspektive steuert. Er bugsiert es über den Container, nimmt den mit Hilfe eines Greifarms (Spreader genannt) auf und transportiert ihn an seinen vorgesehenen Standort. Beispielsweise an einen der 16 000 Stellplätze am Burchardkai.

»Van Carrier stemmen massive Lasten«, sagt Karin Debacher. »Sie heben und senken bis zu 30 Tonnen schwere 20-Fuß-Container. Sie fahren mit ihnen über die Kaianlage und senken sie wieder ab. Entweder auf den Boden oder auf einen anderen Container oder auf einen Lkw. Horizontal transportieren sie bis zu 60 Tonnen.« Und bis zu vier Container kann so ein Van Carrier inzwischen übereinanderstapeln. Wer in Physik aufgepasst hat, könnte jetzt leicht berechnen, was für ein Energieaufwand nötig ist, um solche Lasten in die entsprechende Höhe zu hieven. Mir reicht allein schon die Vorstellung. Und klar ist auf jeden Fall: Viel Energie geht auch hier mit einem hohen Schadstoff- und CO_2-Ausstoß einher. Denn die Maschinenkraft dieser riesigen Lastenträger ist dieselbefeuert.

Seit 1980 sind Van Carrier, auf Deutsch auch Portalhubwagen genannt, auf den Containerterminals der Hansestadt im Einsatz. Kurioserweise ist das Wort Van Carrier vor allem in Hamburg üblich. International spricht man von Straddle Carrier, und die haben sich in den letzten 40 Jahren erheblich weiterentwickelt. Anfangs erhielten die Fahrer ihre Anweisungen noch per Sprechfunk. Seit 1984 haben sie eine kleine Bildschirmkonsole an Bord und werden per Datenfunk instruiert, welche Container sie als Nächstes ansteuern sollen und auf welchem Weg. 1995 gab es im Hafen dann einen Technologiesprung: Weltweit erstmals konnten mit Hilfe eines satellitengestützten GPS-Systems (DGPS) und eines laserbasierten Ortungssystems (LADAR) die Stellplätze der Container exakter bestimmt werden. Die Anweisungen an die Fahrer der Van Carrier und deren Wege wurden damit effizienter.[192]

Alles in allem führte die stetige Optimierung der Van Carrier und ihrer Motoren zu einem sinkenden Treibstoffverbrauch: von bis zu 38 Liter Diesel pro Betriebsstunde auf 23 Liter im Jahr 2019. Seit Mitte desselben Jahres fahren drei Van Carrier im Testbetrieb mit Hybridmotoren. Das verringerte den Lärm und senkte den CO_2-Ausstoß um etwa 30 bis 50 Tonnen pro Jahr und Fahrzeug.[193] Aber auch das reicht nicht aus, erklärt die H2-Projekt-Verantwortliche. Um bis 2040 klimaneutral zu sein, will die HHLA im Rahmen ihrer

Nachhaltigkeitsstrategie Van Carrier ebenso wie die anderen Terminalfahrzeuge auf Wasserstoff umstellen. Dazu gehören Reachstacker, also eine Art große Gabelstapler, die sehr schwere Lasten heben müssen, und Leercontainerstapler. Außerdem normale Gabelstapler, Terminal-Zugmaschinen, Rangierloks sowie die eigene Lkw-Flotte. Alles muss auf den neuen Energieträger umgestellt werden. Das soll im Rahmen des Projektes H2LOAD *(Hydrogen Logistics Application and Distribution)* geschehen.

»Der Bereich der Schwerlastfahrzeuge am Terminal und der schweren Lkw auf der Straße ist schwieriger zu elektrifizieren als etwa der von Pkw«, sagt Karin Debacher. »Deshalb sollen hier Brennstoffzellen zum Einsatz kommen, angetrieben mit grünem Wasserstoff.« Der Containerterminal Altenwerder konnte schneller klimaneutral werden, weil die schweren Lasten von den strombetriebenen automatischen Containertransportern nicht gehoben und gesenkt, sondern lediglich in der Horizontalen transportiert werden. Das ist weniger energieaufwendig, weshalb die Prozesse in Altenwerder größtenteils elektrifiziert ablaufen können. Bei den anderen Terminals ist das nur schwer möglich, daher sind für den Terminalbetreiber HHLA mit Brennstoffzellen angetriebene Schwerlastfahrzeuge ein wichtiger Baustein auf dem Weg zur Klimaneutralität. Allerdings müssen diese Versionen für viele Fahrzeuge erst entwickelt und erprobt werden. Dafür plant das Unternehmen im Rahmen eines Innovationsclusters, in den kommenden Jahren unter anderem mit den Herstellern von Spezial- und Schwerlastfahrzeugen zu kooperieren. »Wir hoffen, dass wir bis Ende 2022 einen ersten Wasserstoff-Lkw testen können«, sagt Debacher. »Außerdem ein bis zwei Terminalfahrzeuge als Prototypen.« Der

Truck soll ein neu gebauter 40-Tonner sein, der ebenso wie weitere, ab 2023 geplante Umschlagsvehikel in einem Testcenter, das eigens für diesen Zweck am Containerterminal Tollerort errichtet wird, erprobt werden soll.

Der Umstieg auf Wasserstoff führt zwangsläufig zu Änderungen in den Betriebsabläufen, allein schon was die Betankung angeht, die viel kurztaktiger erfolgen muss als bei Dieselfahrzeugen. »Wir müssen also herausfinden, wie wir das in Prozesse integrieren, die über Jahre oder auch schon Jahrzehnte optimiert worden sind«, erklärt Debacher. Die studierte Volkswirtin ist seit 2015 beim Hamburger Hafenkonzern. Erst war sie als Beraterin weltweit unterwegs, im Rahmen verschiedener Hafen- und Logistikprojekte, bevor sie in die Geschäftsentwicklung wechselte. Das Thema Nachhaltigkeit lag ihr schon früher am Herzen, als sie noch in der internationalen Entwicklungszusammenarbeit tätig war. Nun ist sie froh, in ihrer Arbeit konkret etwas gegen den Klimawandel tun zu können.

In der folgenden Phase von H2LOAD sollen mehr als 100 Brennstoffzellenfahrzeuge verschiedenen Typs in Betrieb genommen werden. Damit die Fahrzeuge Wasserstoff tanken können, ist die Einrichtung entsprechender Zapfsäulen an mehreren HHLA-Terminals geplant, die auch für Fahrzeuge von außerhalb zugänglich sein sollen. Die Infrastruktur soll später zudem an das Hamburger Wasserstoffnetz (s. Kapitel III.5) angebunden werden.

Inzwischen sitzen wir wieder im Auto, um zum nächsten Terminal zu fahren. Gerade rechtzeitig vor dem nächsten Platzregen. Nachdem wir auf der Hinfahrt fast eineinhalb Stunden im Stau gesteckt haben, geht es jetzt etwas flotter voran. Aber immer noch herrscht hier viel Verkehr, obwohl es mitten in der Woche am Nachmittag ist. Mit dem kleinen silbergrauen Elektroflitzer ihrer Firma manövriert sich die gebürtige Hamburgerin mit den lebhaften dunklen Augen mit bewundernswerter Gelassenheit durch eine nicht enden wollende Blechlawine. Heute ist die Lage besonders schlimm, weil mitten im Hafen, im dicht besiedelten Stadtteil Wilhelmsburg, eine 1000-Pfund-Bombe aus dem Zweiten Weltkrieg entdeckt wurde. Die Polizei hat das Gebiet weiträumig abgesperrt. Und bevor die Entschärfung beginnen kann, müssen Tausende Bewohner evakuiert werden. Unter Corona-Bedingungen ist das noch schwieriger als sonst. Kein Wunder also, dass sich Autos überall dicht an dicht drängen und Sattelschlepper lange Kolonnen bilden. Die allerdings gehören zum normalen Straßenbild. »Jeden Tag fahren rund 17 000 Lastkraftwagen durch den Hamburger Hafen«, sagt Debacher. Auch das bedeutet viele Schadstoffe, viel Kohlendioxid und viel Lärm.

Wir fahren an Halden von Steinkohle vorbei und an Zügen mit offenen Waggons, die Kohle abtransportieren – Zeichen dafür, wie sehr wir noch dem fossilen Zeitalter verhaftet sind. Den Umschlag von Kohle und Erzen am Hansaport-Terminal betreibt die HHLA mit der Salzgitter AG. »Das läuft hier alles voll automatisiert ab«, erklärt Debacher. »Ein Kran saugt das Schüttgut aus dem Schiff heraus und verfrachtet es ins Lager. Von dort geht die Verladung auf die Züge ebenso automatisch.«

Auch mit Containern beladene Güterzüge sehen wir, endlos lang ziehen sie an uns vorbei. Der Warentransport auf der Schiene ist ein entscheidender Standortvorteil für die Hafenlogistik der Hansestadt. »Hamburg hat den besten

Intermodal-Anschluss in Europa, weil die Container hier direkt vom Schiff auf den Zug geladen werden können. Rund ein Drittel der Waren geht per Bahn aus dem Hafen nach Süddeutschland, Osteuropa und Südosteuropa«, erläutert Debacher.

»Intermodal« bedeutet die Verknüpfung unterschiedlicher Verkehrsträger wie Schiff, Zug und Lkw. Je nach Terminal stehen bis zu zehn Gleise für dieses Umladen zur Verfügung, und ein Gleis kann bis zu 750 Meter lang sein. Die Oberleitungen für die Züge reichen zwar bis in den Hafen hinein, aber nicht bis auf die Terminals. Das letzte Stück übernehmen daher Rangierloks, die derzeit noch im Dieselbetrieb verkehren, in Zukunft aber ebenfalls auf Wasserstoff umgestellt werden sollen.

Auf den Gleisen, die parallel zur Straße verlaufen, fährt auch ein Zug mit der Aufschrift »Metrans« an uns vorbei. So heißt die HHLA-Tochter im Bereich des Gütertransports auf Schiene und Straße. »Mit rund 600 Verbindungen pro Woche ist Metrans Marktführer im sogenannten containerbasierten Hinterlandverkehr in den Industrieregionen von Mittel-, Ost- und Südosteuropa«, erklärt Debacher. Das geht bis nach Odessa. Auch andernorts beginnt die Emissionsreduzierung in der Hafenlogistik, z. B. in Ungarn. Knapp eine Woche vor unserem Treffen meldete das Intermodal-Unternehmen, dass es dort den ersten E-Truck in Betrieb genommen habe. Der rein batterieelektrisch betriebene Lkw kommt voll beladen 200 Kilometer weit. Das Wiederaufladen der Akkus dauert etwa fünf Stunden und lässt sich mit einem Schnellladegerät auf zwei Stunden verkürzen.[194]

Die Verbindungen der HHLA nach Südosten reichen

weit: Von den Schwarzmeerregionen der Ukraine über Poti in Georgien bis nach Baku (Aserbaidschan) am Kaspischen Meer. In der Ukraine besteht ein erhebliches Potenzial für die Produktion von grünem Wasserstoff, das ist nicht nur für die Nachhaltigkeitsstrategie des Hamburger Logistikkonzerns interessant.[195] Vor allem, weil er mit dem Container- beziehungsweise Mehrzweckterminal in der Stadt am Schwarzen Meer den größten und modernsten Umschlagplatz des Landes betreibt.

Die Ukraine spielt auch in der Wasserstoffstrategie der Europäischen Union eine wichtige Rolle. Sie gilt als einer der primären Partner für den Hochlauf der Wasserstoff-Wirtschaft.[196] Noch Mitte Januar 2022 hatte die deutsche Außenministerin Annalena Baerbock bei einem Zwischenstopp in Kiew verkündet, die Bundesregierung werde dort sehr bald ein Büro für »Wasserstoff-Diplomatie« eröffnen.[197] Große Flächen in der Ukraine eignen sich für die Produktion von Sonnen- und Windstrom und somit auch für die Herstellung von Wasserstoff.

Einige Unternehmen haben bereits eine Zusammenarbeit in diesem Bereich vereinbart: etwa die Energiekonzerne RAG Austria und Bayerngas im Mai 2021. Die Fernleitungsnetzbetreiber Bayernets und Open Grid Europe gehören ebenfalls zu dem Industriekonsortium, das die Kapazitäten im Rahmen des Projektes H2EU+Store ausbauen möchte. »Ab 2025 könnte erstmals grüner Wasserstoff nach Europa fließen«, hieß es damals.[198] Das Gas solle mittelfristig »in für Europa signifikanten Dimensionen« ins Gasnetz der Westukraine eingespeist werden, so der Plan, und über Leitungen durch die Slowakei nach Österreich und Deutschland fließen. Das

Projekt sei nach Angaben der Beteiligten »unabdingbar«, um die Energieversorgung in Österreich und Deutschland zu sichern. Dadurch würde in Zukunft ganzjährig ausreichend grüne Energie verfügbar sein. Pipelines sind jedoch nur eine Möglichkeit für den Gastransport, der Umschlag über den Containerterminal Odessa eine andere. Für die HHLA-Wasserstoffstrategie bietet er sich geradezu an. Allerdings beobachten alle Beteiligten die seit Jahren herrschenden Spannungen zwischen Russland und der Ukraine mit Sorge. Und so brenzlig wie jetzt, an diesem Tag Mitte Februar, angesichts des gewaltigen Aufmarsches russischer Truppen an der ukrainischen Grenze war es wohl noch nie.

Als einer der größten Anbieter von Umschlag- und Logistikleistungen in Europa arbeitet die HHLA daran, den Ausstoß von Treibhausgasen entlang der gesamten Transportkette Schritt für Schritt zu reduzieren, bis hin zur Klimaneutralität. Wenn der Praxistest der ersten Phase von H2LOAD im Hamburger Hafen erfolgreich verläuft, erklärt Debacher, schließt sich ab 2027 eine zweite Projektphase an, bei der die Erfahrungen mit den H_2-Fahrzeugen und der H_2-Infrastruktur auf rund 20 weitere europäische Standorte übertragen werden könnten. Die liegen unter anderem in Deutschland, Österreich und Italien, Tschechien und in der Slowakei, Ukraine, Ungarn, Polen und Estland.

Von unserer nächsten Station blicken wir auf den Containerterminal Tollerort, den kleinsten der drei HHLA-Terminals. Hier soll das geplante Testcenter für Schwerlastfahrzeuge gebaut werden sowie eine H_2-Tankstelle. Und hier sollen auch Prototypen diverser Schwerlastfahrzeuge getestet werden.

In Frage kommen hierfür neben den Van Carriern und Lkw auch die auf eher kurze Strecken angelegten Reachstacker und die Leercontainerstapler, die bis zu zehn der großen Stahlkästen aufeinandertürmen können.

»In unserer Wasserstoff-Strategie verbinden wir die eigene Schwergutlogistik mit dem Import von grünem Wasserstoff und dessen Verteilung«, sagt Debacher. Alles in allem ist das eine komplexe Aufgabe, welche die Zusammenarbeit verschiedenster Unternehmen und Wissenschaftler erfordert. Darum kooperiert die HHLA mit Erzeugern und Transporteuren von Wasserstoff, mit Netzbetreibern sowie Abnehmern des grünen Gases, wie zum Beispiel dem Flugzeugbauer Airbus.

Um den Import von grünem Wasserstoff und dessen Weitertransport zu anderen Abnehmern zu organisieren, untersucht der Konzern, auf welchen Flächen der Energieträger gelagert werden kann. Außerdem soll er »in geeigneter Form« an Kunden geliefert werden. Wie diese geeignete Form aussehen wird, ist momentan noch offen bzw. wird intensiv untersucht. In Frage kommen zum einen lange bekannte Stoffe wie Ammoniak und Methanol, jeweils in ihrer »grünen« Variante. Und zum anderen Kryowasserstoff, also tiefgekühlt und flüssig.[199] Auch der Umgang mit Flüssiggas ist ja bekannt. Hinzu kommt die noch relativ neue Möglichkeit, Wasserstoff an organische Trägeröle (LOHC) zu binden. Bei all diesen Formen gibt es Vor- und Nachteile, weshalb es je nach Einsatzgebiet und Bedarf unterschiedliche Lösungen braucht, erläutert Debacher. Zum Beispiel lohnt sich der Aufwand für die Verflüssigung des gasförmigen Wasserstoffs für den Transport am ehesten, wenn dieser beim Kunden dann auch in flüssiger Form gebraucht oder weiterverarbeitet wird. Das wäre etwa beim Luftverkehr der Fall, wie das übernächste Kapitel zeigen wird.

Die Bindung an organische Trägeröle ist derzeit noch teuer, scheint aber technisch besonders verlockend. Denn wenn die Wasserstoffwirtschaft erst mal hochgelaufen ist und LOHC durch weitere Skalierungsschritte absehbar günstiger wird, dann könnte man ein globales »Pfandflaschensystem« für das klimaneutrale Gas einrichten. Deshalb kooperiert die HHLA auch mit der Firma Hydrogenious LOHC Technologies in Erlangen und dem Helgoländer AquaPortus-Projekt (s. Kapitel II.2). Gemeinsam entwickeln sie eine Offshore-Lieferkette für grünen Wasserstoff. »Der organische Wasserstoffträger LOHC bringt viele Vorteile für die Logistik mit sich. Das könnte eine vielversprechende Lösung für den Aufbau von internationalen Transportverbindungen sein«, sagt Karin Debacher, die innerhalb der HHLA auch das vom Bundesforschungsministerium unterstützte Wasserstoffprojekt TransHyDE leitet. Im Rahmen dieser Projekte geht es darum, praktische Erfahrungen mit dem Transport mittels LOHC und der Dehydrierung, also der Wiederfreisetzung, von Wasserstoff zu sammeln. An einem noch zu lokalisierenden HHLA-Terminal könnte deshalb sowohl eine Dehydrieranlage als auch ein Importterminal für Wasserstoff errichtet werden. Voraussichtlich Ende 2025 oder Anfang 2026 könnte der erste organisch gebundene Wasserstoff aus Helgoland hier ankommen, so die Planung. Dann sollen auch die dieselbetriebenen Rangierloks im Hafen auf das klimaneutrale Gas umgestellt werden.

Letzte Station auf unserer Tour ist der O'Swaldkai. »Ein typischer Misch- und Mehrzweck-Terminal«, sagt Debacher. »Container, Fahrzeuge und Früchte. Jetzt ist hier zwar auch ein Großteil containerisiert, aber bis vor ein paar Jahren kamen die Bananen noch direkt aus dem Kühlschiff.« In Zukunft sollen auch am O'Swaldkai wasserstoffbetriebene Fahrzeuge zum Einsatz kommen.

Unsere Terminal-Tour neigt sich dem Ende zu. Über die Köhlbrandbrücke verlassen wir das Hafengebiet und fahren zurück ins Stadtzentrum, in die Speicherstadt, wo der Firmensitz der HHLA ist. Als wir die Köhlbrandbrücke passieren, ein elegant geschwungenes Bauwerk, das seit Mitte der 1970er Jahre ein Wahrzeichen von Hamburg ist, wird mir etwas wehmütig ums Herz. Die gut 50 Meter hohe Brücke soll bis 2030 abgerissen und durch einen Tunnel ersetzt werden. Nicht nur, weil sie marode ist, sondern vor allem, weil die Megafrachter aus Asien mit ihren riesigen Containerstapeln nicht mehr unter ihr hindurch passen. Als der Altenwerder-Terminal im Jahr 2002 eröffnet wurde, transportierten die Schiffe bis zu 8000 Standardcontainer (TEU), erklärt Debacher. Heute sind es 24 000 TEU. »Doch bei der Inbetriebnahme von Altenwerder hat sich wohl niemand vorstellen können, dass die Köhlbrandbrücke eines Tages dem Containertransport im Weg stehen würde.« Der Gigantismus des internationalen Seeverkehrs wird vermutlich erst einmal nicht verschwinden, aber das nächste Kapitel zeigt, welche Möglichkeiten es gibt, um seine klimaschädlichen Auswirkungen zumindest zu reduzieren.[200]

6. Sauber aufs Wasser: Weniger Emissionen in der Schifffahrt

Eine Exkursion mit dem Forschungskutter auf der Nordsee gehört zu den schönsten Erinnerungen meines Biologiestudiums: Frühmorgens in Helgoland eingeschifft, der tuckernde Dieselmotor brachte uns raus in die Deutsche Bucht. Wir nahmen Wasser- und Sedimentproben und holten Bodenlebewesen an Bord: Krebse, Seesterne, Seeigel, Muscheln, Röhrenwürmer, Fische. Der ganze Nachmittag war dazu da, die Tiere zu bestimmen, zu messen und zu wiegen, die Daten und Beobachtungen zu protokollieren. Was die – möglichst behutsame – Prozedur überlebte, ließen wir wieder frei. Nur die Fische nicht. Die grillten wir abends am Strand.

Die Dieselschwaden, die damals über das Schiff zogen, werden in den zukünftigen Exkursionserinnerungen keine Rolle mehr spielen: Wenn in diesem Jahr Studenten mit der *Uthörn II*, einem Neubau des Alfred-Wegener-Instituts (AWI), Helmholtz-Zentrum für Polar- und Meeresforschung, ausfahren, dann können sie sich darüber freuen, dass der neuartige, mit grünem Methanol angetriebene Motor sie nahezu CO_2-frei ans Ziel bringt. Es wird das weltweit erste klimaneutrale Forschungsschiff sein.

Methanol für die Seeschifffahrt ist bislang wenig erprobt. Als Vorbild für das knapp 36 Meter lange Schiff dient die erfolgreiche Umrüstung eines Lotsenversetzbootes in Schweden. Dafür wurde probehalber ein Dieselmotor auf die Verbrennung von Methanol umgebaut. Weil mit diesem Boot gute Erfahrungen gemacht wurden, beauftragte das AWI eine schwedische Firma mit dem Bau der beiden modifizierten Dieselmotoren mit einer Leistung von maximal 600 Kilowatt. Unter Umweltaspekten gilt Methanol als relativ unbedenklich, weil es sich gut im Wasser löst. »Bakterien vertilgen es sofort, sodass es im Falle eines Unfalls keine große Umweltgefahr darstellt«, erklärt Antje Boetius, Direktorin des Alfred-Wegener-Instituts (AWI). Weitere Vorteile seien, dass bei der Verbrennung von Methanol deutlich weniger Rußpartikel in die Luft gelangen als bei Benzin, Diesel oder Schweröl. Allerdings sei die im Vergleich mit Diesel nur halb so hohe Energiedichte von Methanol auch eine Herausforderung. So brauche die neue *Uthörn* deutlich größere Treibstofftanks als das Vorgängermodell, »damit sie genügend Methanol für eine weiterhin hohe Reichweite bunkern kann«.[201]

Der Forschungskutter, der sowohl der Ausbildung von Studenten als auch der Erhebung von Langzeitdaten dient, kann dann laut AWI mit fünf Crewmitgliedern und vier Forschern an Bord bis zu fünf Tage auf dem Meer bleiben und dabei 1200 Seemeilen zurücklegen. Bei Tagesfahrten sei Platz für bis zu 25 Studenten samt Lehrpersonal.[202]

Damit das verfeuerte Methanol auch von Anfang an »grün« – also CO_2-neutral – ist, soll es direkt in Bremerhaven, wo das AWI seinen Sitz hat, produziert werden. In einem sogenannten Wasserstoff-Kompetenzzentrum, nur drei Kilometer vom AWI-Hauptgebäude entfernt, soll im Rahmen eines Modellprojektes mit Hilfe von Windstrom Wasserstoff entstehen, aus dem wiederum mit dem Kohlendioxid aus einer nahen Kläranlage CO_2-neutrales Methanol[203] hergestellt werden kann. Vom Bundesforschungsministerium finanziell unterstützt, wäre es das erste deutsche Seeschiff mit einem besonders emissionsarmen Methanol-Antrieb.

Auch der dänische Logistik- und Transportriese Mærsk setzt künftig auf Methanol. Die neben MSC weltgrößte Reederei für Containerschiffe verkündete im Sommer 2021 eine, Position verpflichtet, Weltneuheit: Ab 2024 will sie das erste von acht geplanten Containerschiffen mit klimaneutralem Methanol betreiben. Die großen Frachter werden Platz für rund 16 000 Standardcontainer (TEU) haben. Wenn alles gut geht, wollen die Dänen im folgenden Jahr noch vier weitere solcher Schiffe bei der südkoreanischen Werft Hyundai Heavy Industries ordern. Die Motoren stammen, aus deutscher Perspektive erfreulicherweise, von MAN Energy Solutions in Augsburg, deren dänische Niederlassung schon das Vorgängermodell für ein kleineres Schiff von Mærsk geliefert hat. Dieses Zubringerschiff, ein Feeder, kann 2100 Standardcontainer laden und ebenfalls mit Methanol fahren.

Bei den Motoren handelt es sich um die sogenannte Dual-Fuel-Technik, wodurch Motoren, die nach dem Dieselprinzip arbeiten, auch mit herkömmlichem Kraftstoff betankt werden können. »Der Wechsel zwischen Methanol und anderen Kraftstoffen erfolgt unterbrechungsfrei im laufenden Betrieb«, erklärt MAN. Wenn Methanol im Einsatz ist, reduziert der Motor erheblich die Emissionen von CO_2 und anderen Treibhausgasen sowie Partikeln, Schwefel- und Stickoxiden.[204] Die neue Serie der Großcontainerschiffe wird nach Angaben von Mærsk ältere Schiffe ersetzen und dadurch jährlich rund eine Million Tonnen CO_2 einsparen. »Wir müssen jetzt etwas tun, um die Herausforderung des Klimaschutzes in der Schifffahrt zu meistern«, kommentiert Søren Skou, CEO von A. P. Møller-Mærsk, den Auftrag. Eine wachsende Zahl von Kunden wolle ihre Lieferketten dekarbonisieren. Zudem sei dies ein starkes Signal an die Treibstoffhersteller, weil rasch eine wachsende Nachfrage nach grünen Treib-stoffen entstehen werde.[205] Denn wenn der Branchen-Primus mit so einem Aufschlag vorangeht, ist davon auszugehen, dass weitere Reedereien nachziehen werden.

Die Entscheidung für Methanol hält Sören Ehlers, Profes-sor für Konstruktion und Festigkeit von Schiffen und Off-shore-Strukturen an der Technischen Universität Hamburg (TUHH), im Prinzip für eine vernünftige Lösung. Denn dieser Industriealkohol ist grundsätzlich gut verfügbar, wenn auch derzeit überwiegend in der »grauen« Variante und nicht »grün«, solange Methanol auf Basis fossiler Rohstoffe herge-stellt wird. Noch ist offen, welchen Weg die emissionsärmere Schifffahrt einschlägt. »Wir wissen nicht, welche Treibstoffe sich durchsetzen werden«, sagt der hoch spezialisierte Ma-schinenbauingenieur. »Denkbar ist alles. Physikalisch gibt es da kaum Grenzen. Es ist vor allem eine Frage der Finanzen.« Seit Anfang 2022 ist Ehlers zugleich neuer Direktor des Ins-tituts für Maritime Energiesysteme am Deutschen Zentrum für Luft- und Raumfahrt (DLR) im schleswig-holsteinischen Geesthacht, rund 30 Kilometer südöstlich von Hamburg.

Das Institut, das mit der TU Hamburg kooperiert, wur-de im Jahr 2020 eingerichtet, mit dem Ziel, Lösungen für die Emissionsreduktion in der Schifffahrt zu finden. Rund 250 Mitarbeiter sollen in der kleinen Stadt an der Elbe an innovativen Technologien und Treibstoffen wie Wasser-stoff forschen. Sie entwickeln neue modulare Energie- und Schiffskonzepte und testen sie erst im Labormaßstab, bevor sie dann auf einer Art Schiffsimulator erprobt werden. Was sich dort bewährt, soll im nächsten Schritt auf einem For-schungsschiff auf dem Meer getestet werden. Zudem prüft das DLR beispielsweise Brennstoffzellen hinsichtlich ihrer maritimen Eignung, also ob sie den Bedingungen bei rauer See standhalten können, und entwickelt diese systematisch weiter. Auch neuartige Wasserstofftanks werden getestet.

Als ich von Sören Ehlers wissen möchte, was denn aus naturwissenschaftlicher Sicht der beste Weg für emissionsärmeren Frachtverkehr auf hoher See wäre, antwortet er: »Das ist eine Frage mit großer Tragweite. Die Idee vom grünen Wasserstoff ist natürlich erst mal schön. Uns fehlt aber ein globales Verständnis dafür, welche Mengen wir eigentlich brauchen. Wie viel Energie wir dafür einsetzen wollen. Noch besser als Wasserstoff wäre kein Wasserstoff oder weniger Wasserstoff. Und wenn wir unsere Produktion an einen geringeren Energieverbrauch anpassen würden.« Diese Frage richtet sich also ebenso an uns alle als Gesellschaft, und sie begegnet uns in ähnlicher Weise auch in anderen Bereichen der Mobilität, zum Beispiel bei den Pkw. Auch hier gilt: Es reicht nicht, alle Autos mit Verbrennungsmotor durch E-Fahrzeuge zu ersetzen. Wir müssen den Individualverkehr reduzieren. Und in der Luftfahrt ist es nicht anders; davon handelt das nächste Kapitel. Die Umstellung auf Wasserstoff bedeutet jedenfalls nicht, in welchem Bereich auch immer, mit dem Verbrauch – und der Verschwendung – von Energie einfach weiterzumachen wie bisher.

Von solchen grundsätzlichen Fragen einmal abgesehen, kann für die Schifffahrt eine neuartige Speichertechnologie von Interesse sein: Ebenfalls auf dem Campus in Geesthacht angesiedelt ist das Helmholtz-Zentrum Hereon mit seinen drei Wasserstoff-Forschungsinstituten – eins für Wasserstofftechnologie, eins für Fotoelektrochemie und eins für Membranforschung.

Thomas Klassen, Professor für Werkstofftechnik an der Helmut-Schmidt-Universität Hamburg und Leiter des Instituts für Wasserstofftechnologie in Geesthacht, steht vor einer eingezäunten Anlage, die für einen Laien nicht besonders spannend aussieht: Druckgasflaschen und ein größeres Wasserstoffreservoir, ein System von Rohren und ein Leitstand. Im Zentrum liegt ein zu zwei Seiten offener, überdachter Platz, auf dem ein neuer Wasserstoffspeichertank getestet werden kann.

Dabei ist es auch hier das Innenleben, das so besonders ist: Der Tank enthält ein weiß-gräuliches Pulver, das aus fein zermahlenen Leichtmetallhydriden besteht. Die Metallatome im Pulver können Wasserstoff binden und so speichern. »Metallhydride saugen Wasserstoff auf wie ein Schwamm und geben ihn vollständig wieder ab«, erklärt Klassen. »Diese Form der Speicherung hat gleich mehrere Vorteile. Wir haben eine hohe Energiedichte und eine hohe energetische Effizienz, die bis zu 93 Prozent betragen kann. Zugleich haben wir auch eine hohe Sicherheit, weil die Abgabe des Wasserstoffs nicht schlagartig geschieht, sondern kontrolliert.« In einen Metallhydrid-Tank passt doppelt so viel Wasserstoff wie in einen gleich großen Druck- oder Flüssiggas-Tank für Wasserstoff. Wenn man solche Speichertanks mit Brennstoffzellen verbindet, sorgen diese für die notwendige Abwärme, um den Wasserstoff wieder aus dem Hydrid herauszulösen. Zur Sicherheit trägt weiterhin bei, dass nur mit moderaten Drücken und Temperaturen gearbeitet wird. Das macht die pulvergefüllten Tanks zu einer vielversprechenden Alternative zu herkömmlichen Druckgasspeichern, die mit höheren Drücken bis 700 bar arbeiten, oder zu Flüssigwasserstoff, der mit hohem Energieaufwand auf minus

253 Grad gekühlt werden muss. Aus diesen Gründen eignet sich das Speicherverfahren gleichermaßen für den stationären wie mobilen Bereich, also den Straßen-, Schiffs- und Luftverkehr. »Wir konzipieren Komponenten für eine H_2-Versorgungsinfrastruktur sowohl für stationäre Anlagen als auch für Fahrzeuge«, sagt Thomas Klassen. Auch auf dem neuen Hereon-Forschungsschiff *Ludwig Prandtl II* sollen H_2-Tanks mit Metallhydridpulver eingesetzt und getestet werden.

Von wenigen Einzelbeispielen abgesehen, geht es mit der Dekarbonisierung der Schifffahrt nur langsam voran. Im Februar 2022 forderten die Vertreter der globalen Schifffahrtsindustrie von der Weltschifffahrtsorganisation IMO, den Umbau der Schiffsflotten in Richtung Klimaneutralität zu beschleunigen. Dafür solle die IMO, eine Sonderorganisation der Vereinten Nationen, internationale Regeln festlegen, und zwar schnellstmöglich. Bislang hatte diese UN-Organisation die Klimaneutralität auf den Sankt-Nimmerleins-Tag verschoben: Sie »plante« sie nämlich erst für 2100. Und für eine Reduzierung der CO_2-Emmissionen um gerade mal die Hälfte war auch wenig ehrgeizig das Jahr 2050 angedacht. »Wir sollten die 50 Prozent bereits bis 2030 erreichen«, erklärte Jeremy Dixon, Vizechef des World Shipping Council (WSC).[206]

Der globale Branchenverband, in dem sich nach eigenen Angaben die wichtigsten Containerreedereien der Welt zusammengeschlossen haben, verkündete in einer Stellungnahme, die Reedereien wollten »eine Vorreiterrolle bei der Umstellung der Schifffahrt auf null« spielen. »Aber wir können dies nicht allein tun«, sagte WSC-Chef John Butler. »Die Regierungen der IMO müssen jetzt handeln, um die Entwicklung nicht aufzuhalten, sondern um ehrgeizige Innovatoren und Vorreiter zu unterstützen.«[207] Dass sich die UN-Organisation beim Klimaschutz »auf Schleichfahrt« befinde, kritisierte auch der Verband für Schiffbau und Meerestechnik (VSM). Denn viele Staaten und Unternehmen hätten sich inzwischen ambitioniertere Ziele gesetzt.[208] Dass dies bei der IMO nicht ebenso geschähe, liegt nach Auffassung des Verbands an Meinungsverschiedenheiten und Interessenkonflikten zwischen den 194 Mitgliedsländern.

Rund 90 000 Schiffe umfasst die Flotte der Handelsschifffahrt weltweit.[209] Davon sind ca. 20 000 in europäischen Gewässern unterwegs. Europa ist sogar der »maritimste aller Kontinente«, wie der VSM unterstreicht. Die Europäische Union verfügt über »das größte Seehoheitsgebiet der Welt«. Das liegt daran, so die Interessenvertretung der maritimen Industrie in Deutschland, dass die Küstenlänge der EU, aber auch von Deutschland allein, im Verhältnis zur Landesfläche die großen Länder wie USA, China und Russland bei Weitem übertrifft. Insofern wäre es wünschenswert, dass von Europa auch entscheidende Impulse zur Dekarbonisierung der Schifffahrt ausgehen. Doch das ist aus verschiedenen Gründen schwierig.

»Investitionen in eine klimaneutrale Schifffahrt kamen auch 2021 kaum in Schwung. Trotz aller Bekenntnisse zum Klima- und Umweltschutz bringen sieben von zehn aller weltweit bestellten neuen Schiffe weiterhin konventionelle Technik in Fahrt«, konstatiert der VSM. Und prognostiziert, dass es ein sehr langer Weg bis zur Klimaneutralität ist.[210] Die Bauzeit so eines Schiffes liegt im Durchschnitt bei drei Jahren, und dann hat es eine Betriebsdauer von 25 Jahren. Deshalb »werden die meisten dieser Schiffe 2050 noch Teil der Flotte sein. So wird das schwer mit den Pariser Klimazielen«, resümiert der deutsche Schiffbauverband.[211]

Jene rund 30 Prozent der Schiffe, die im Jahr 2021 auf alternative Kraftstoffe setzten, verwendeten zum größten Teil Flüssigerdgas (*Liquid Natural Gas*, kurz LNG). Batterie- und Hybridantriebe machten nur fünf Prozent aus, und Wasserstoff sowie die meisten seiner Derivate hatten einen vernachlässigbar geringen Anteil. Allerdings kann fossiles Flüssigerdgas nur eine Übergangslösung sein, bis es bessere Alternativen gibt. Verglichen mit dem dreckigen Schweröl ist LNG zwar weniger schlimm, aber sowohl seine Förderung als auch der Transport gehen mit hohen Methanemissionen einher.

Dabei forschen Wissenschaftler schon länger an alternativen Schiffsantrieben und an weniger schädlichen Brennstoffen. Zudem müssen die Treibhausgasemissionen in diesem Bereich erheblich reduziert werden, denn global ist die Seeschifffahrt für immerhin rund drei Prozent der CO_2-Emissionen verantwortlich.[212] Dafür kommen verschiedene Technologien und Treibstoffe infrage, darunter Wasserstoff, Methanol und Ammoniak (jeweils mit Hilfe von Ökostrom erzeugt), aber auch Biodiesel. Eine weitere Möglichkeit ist synthetisch erzeugtes, also CO_2-neutrales LNG (auch SNG genannt), erklärt Ralf Plump, Schiffbauingenieur und Referent für Schiffs- und Meerestechnik beim Deutschen Maritimen Zentrum (DMZ) in Hamburg, auf Nachfrage.[213] »Entlang der Welthandelsrouten gibt es bislang jedoch nur Bunkermöglichkeiten für LNG«, sagt er. »Für Methanol, Ammoniak, Wasserstoff oder Strom existieren noch keine Optionen in den erforderlichen Größenordnungen.« Speziell bei großen Seeschiffen auf der Langstrecke mangele es derzeit also an

Alternativen. Seiner Einschätzung nach haben wir zwar momentan das »Ideal der Technologieoffenheit« bei den Energieträgern, das bedeute jedoch auch, dass die Branche erst »am Beginn des Weges zu einer CO_2-neutralen Schifffahrt steht«, so Ralf Plump. »Ein weiterer Treiber bei der Dekarbonisierung der Schifffahrt werden, neben der IMO, die Kunden der Reeder sein, die sich entsprechende Umweltziele für ihre Geschäftsprozesse setzen, inklusive des globalen Transports. Das kann gegebenenfalls schneller gehen, als es die Forderungen der IMO vorsehen.« Zudem braucht es für Wasserstoff, Methanol und Ammoniak internationale Regelwerke, und daran wird gerade gearbeitet.

Auf kürzeren Strecken in Küstengewässern und für Binnenschiffe hat die Nutzung von alternativen Antrieben und Treibstoffen zumindest schon begonnen, wenn auch erst seit Kurzem. Eingesetzt werden auch wasserstoffbetriebene Brennstoffzellen, die den Strom für die Elektromotoren der Schiffe liefern. In den Niederlanden soll im Laufe des Jahres 2022 ein Transportschiff in Betrieb gehen, das dann CO_2-neutral zwischen Rotterdam und Antwerpen verkehrt.[214] Im selben Jahr soll in Norwegen eine mit Brennstoffzellen ausgestattete Fähre den Verkehr aufnehmen, für die der grüne Wasserstoff aus Deutschland kommt: von einem Elektrolyseur im sachsen-anhaltinischen Leuna. Das Schiff wird sowohl Passagiere als auch Autos transportieren. »Wir glauben, dass Wasserstoff für die Zukunft der emissionsfreien Schiffe eine wichtige Rolle spielt«, stellt Heidi Wolden, CEO des Fährenbetreibers Norled, fest.[215]

Ende Januar 2022 erhielt die *Elektra* – das weltweit erste emissionsfreie Kanalschubboot – in Berlin ihre Zulassung, die sogenannte nautische Abnahme. Das 20 Meter lange und achteinhalb Meter breite Binnenschiff hat ein in diesem Bereich völlig neuartiges Antriebskonzept: Wasserstoffbetriebene Brennstoffzellen versorgen die Elektromotoren, welche die Propeller zum Rotieren bringen. Akkumulatoren speichern den Strom. Eine eigene Fotovoltaik-Anlage (mit einer maximalen Leistung von 2,7 Kilowatt) auf dem Dach des Steuerhauses unterstützt die Stromversorgung für die Crew. An Bord sind 750 Kilogramm auf 500 bar komprimierter Wasserstoff in Druckbehältern. Entwickelt wurde das Spezialschiff im Auftrag der Berliner Hafen- und Lagerhausgesellschaft (BEHALA), gefördert u. a. vom Bundesverkehrsministerium und unter der Leitung von Gerd Holbach, Professor an der Technischen Universität Berlin.

Die *Elektra* soll sogenannte Leichter schieben, das sind Transportboote für Stück- und Schüttgut wie Kohle, Kies oder Schrott. Im Schubverband mit so einem beladenen Leichter kommt die *Elektra* rund 400 Kilometer weit, teilt die BEHALA mit. Das neue Schiff soll für den Frachttransport eingesetzt werden, etwa Richtung Rhein/Ruhr, Stettin oder Hamburg, wobei jeweils ein Zwischenstopp zum Tanken und Nachladen notwendig sei. Das Lastschiff könnte beispielsweise die tonnenschweren Gasturbinen von Siemens, die in Berlin-Moabit gefertigt werden, für den Export in alle Welt nach Hamburg schippern.[216] Dort könnte es dann Steinkohle aufnehmen und auf seiner Rückfahrt zu den Kraftwerken in Berlin bringen – bis zum Kohleausstieg. Doch bislang ist all das Zukunftsmusik. Ab 2022 finden vor allem Erprobungsfahrten in der Hauptstadtregion statt; und erst ab 2023 gehen solche Fahrten dann auch Richtung Hamburg. Im selben Jahr sollen zudem im Berliner Westhafen und im Hafen Lüneburg Landstationen für Wasserstofftanks und Ladestrom in Betrieb genommen werden.[217]

Die Investitionskosten sind deutlich höher als bei einem konventionellen Schubboot, erklärt Gerd Holbach von der TU Berlin. In den Betriebskosten solle es aber künftig mit einem Dieselschiff vergleichbar sein. Der innovative Lastenschlepper habe allerdings einen unschlagbaren Vorteil: »Die *Elektra* könnte als Stromlieferant für einen Stadtteil fungieren, quasi als mobiles Kraftwerk«, so der Entwickler. »Stichwort Sektorenkopplung. Das umfasst Wärme, Energie und Mobilität.« Davon abgesehen, eignen sich Binnenschiffe in dieser Größe besonders für die Antriebstechnik der *Elektra*. Die Schiffswerft Hermann Barthel in Sachsen-Anhalt, die den Bau übernommen hat, hat damit ein großes Interesse geweckt; auch vor dem Hintergrund, dass das gut ausgebaute Kanalnetz hierzulande zukünftig für den Güterverkehr immer wichtiger werden wird.

Neben Binnenschiffen gibt es ebenfalls einen großen Bedarf an Schiffen, die sich CO_2-frei im Küstengewässer bewegen. Das hohe Verkehrsaufkommen entlang der Küsten, die in Europa oft auch dicht besiedelt sind, bedeutet aufgrund der Abgase aus Dieselmotoren sowohl klimaschädliche Emissionen als auch eine Belastung für die Anwohner. Brennstoffzellen, betrieben mit grünem Wasserstoff, gelten auch in diesem Bereich als eine der Schlüsseltechnologien. Schiffbauer in Europa und Asien versuchen in diversen Projekten, dieses attraktive Potenzial für die Zukunft zu erschließen. Auf dem Meer müssen Brennstoffzellen jedoch anderen Anforderungen standhalten als an Land, etwa was ihre Leistungskraft, Zuverlässigkeit und Haltbarkeit angeht. Im Rahmen des Nationalen Innovationsprogramms Wasserstoff- und Brennstoffzellentechnologie (NIP) werden verschiedene Projekte öffentlich gefördert.[218] Zum Beispiel das Demonstrationsvorhaben Pa-X-ell2, in dem für den Einsatz auf Hochsee-Passagierschiffen eine neue Generation von Hochtemperatur-PEM-Brennstoffzellen entwickelt wird. Diese sollen in ein dezentrales Energienetz an Bord eingebettet werden sowie in ein hybrides Energiesystem, zu dem auch Energiespeicher gehören. Das bedeutet unter anderem, dass der Wasserstoff an Bord aus Methanol hergestellt (»reformiert«) wird. Methanol eignet sich gut als Energieträger, sowohl was das Speichervolumen angeht als auch die Handhabung.

»Für beide Energiekonzepte ist die Entwicklung einer neuen Brennstoffzellengeneration und ihrer Produktionsprozesse notwendig«, heißt es auf der Webseite des Projektes, das im Sommer 2022 enden soll. »Der Testbetrieb der Versuchsanlage auf Passagierschiffen ist relevanter Bestandteil zur Entwicklung zukunftsfähiger Energiekonzepte.«[219] Daran beteiligen sich das Deutsche Zentrum für Luft- und Raumfahrt und mehrere Unternehmen, darunter die beiden Werften Meyer und Lürssen, die Klassifikationsgesellschaft DNV und Freudenberg Sealing Technologies. Das letztgenannte Unternehmen berichtet von Tests, die gezeigt hätten, dass die Brennstoffzellen eine mögliche Lebensdauer von mehr als 35 000 Betriebsstunden haben könnten.[220] In Kooperation mit der Papenburger Meyer Werft wird das Kreuzfahrtschiff *AIDAnova* mit Brennstoffzellen ausgerüstet. Der Wasserstoff wird ebenfalls durch Methanol-Reformation erzeugt, ist anfangs noch »grau« und kann perspektivisch auf »grün« umgestellt werden.[221]

»Wenn wir den Antrieb eines Kreuzfahrtschiffs gängiger

Größe komplett mit Brennstoffzellen realisieren, dann sprechen wir über ein Äquivalent von bis zu 1500 Stadtbussen – in einem einzigen Schiff!«, erklärt Claus Möhlenkamp, CEO von Freudenberg Sealing Technologies. Ein Kreuzfahrtschiff hat also in etwa dieselben Emissionen wie 1500 Stadtbusse – und kann, mit Wasserstoff betrieben, ähnlich viel Emissionen einsparen.[222] Gemeinsam mit den beiden Werften entwickelt das Unternehmen Brennstoffzellensysteme für hochseetaugliche Passagierschiffe und Jachten, die je nach Schiffstyp mit unterschiedlichen Kraftstoffen betrieben werden können: mit Methanol, LNG oder reinem Wasserstoff. Die Leistung reicht nach Angaben des Unternehmens bis in den zweistelligen Megawattbereich.[223]

Von der sich abzeichnenden Veränderung im Schiffbau hin zu mehr Klimaschutz profitieren vor allem die Zulieferer bereits jetzt. Sie könnte jedoch auch eine positive Wirkung für die Werftindustrie entfalten. »Wir müssen in Deutschland und möglichst auch in Europa auf klimaneutrale Antriebe setzen und damit den Werftenstandort Europa zukunftsfähiger machen«, sagte Claudia Müller, die neue Koordinatorin der Bundesregierung für die maritime Wirtschaft, nach ihrer Berufung gegenüber der Deutschen Presse-Agentur (dpa). Die Schifffahrt befinde sich an einem entscheidenden Wendepunkt, an dem über die Technologie der kommenden Jahrzehnte entschieden wird. Um die Treibhausgase zu reduzieren, müssten nicht nur neue Schiffe gebaut werden, auch die bestehende Flotte müsse klimafreundlicher ausgestattet werden, so Müller weiter. Zugleich erklärte sie, dass der Bund – der mit dem Zoll, der Bundespolizei oder der Fischereiaufsicht selbst ein großer Schiffseigner ist – in

Sachen Klimaschutz vorangehen solle. »Wir können damit zeigen, dass es möglich ist, die Schifffahrt klimaneutral zu gestalten.« Die notwendigen Techniken seien zum großen Teil vorhanden.[224]

Wenn diese Technologien zum Einsatz kommen, dürfte ihre Wirkung erheblich sein: Zur maritimen Wirtschaft gehören neben Werften auch z. B. die Offshore-Windindustrie. Nach Angaben des Bundeswirtschaftsministeriums arbeiten in diesem Wirtschaftszweig rund 450 000 Menschen, dazu kommen weitere etwa 30 000 Beschäftigte in den Bereichen Forschung und Lehre, Verwaltung und Verbände. Die jährliche Bruttowertschöpfung liegt bei knapp 30 Milliarden Euro.[225]

Eine Steigerung wäre wirtschaftlich natürlich wünschenswert, allerdings ist der deutsche Schiffbau seit Jahren von der asiatischen Konkurrenz gebeutelt, die in China mit hohen staatlichen Subventionen gestützt wird, was in der EU durch strenge Beihilferegelungen unterbunden wird. Die europäischen Werften haben darüber fast die Hälfte ihrer Produktion verloren, denn die asiatische Konkurrenz kann ihre Leistungen zu Dumpingpreisen anbieten, mit denen es ihr immer wieder gelingt, europäische Reedereien zu ködern.[226] Seit Beginn der Corona-Pandemie hat sich die Lage der Werften in Europa noch mal verschlechtert, zumal sie sich immer stärker auf den Bau von Kreuzfahrtschiffen konzentriert hatten. Im Jahr 2020 lag der Anteil von Passagierschiffen am Auftragsvolumen bei 80 Prozent.[227] Sieben deutsche Werften sind seitdem in die Insolvenz gegangen.[228] Vor diesem Hintergrund bietet gerade das technologische Wissen über Klimaschutz, zu dem ja in Deutschland viel geforscht wird, den Werften hierzulande eine Chance, ihre Position am Weltmarkt in Zukunft wieder zu verbessern – wenn die Politik die richtigen Rahmenbedingungen setzt. Ohnehin lässt sich das EU-Ziel für den Klimaschutz nach 2030 wohl nur erreichen, wenn ein Großteil der bestehenden Flotten mit emissionsfreien Antrieben ausgestattet wird. Und die Voraussetzungen sind gut: Deutschland ebenso wie andere europäische Länder seien im Bereich neuer Technologien sehr gut aufgestellt, sagte Reinhard Lueken, Hauptgeschäftsführer des VSM, dem *Tagesspiegel Background*.[229]

Bislang aber können in Europa Binnenschiffe nur in Ausnahmefällen mit Wasserstoff betrieben werden. So erhalten beispielsweise Pilotprojekte Sondergenehmigungen, um Innovationen und Nutzungen neuer Technologien zu fördern. Für die Industrie wäre es jedoch wichtig, klare gesetzliche Regelungen und technische Vorschriften zur Nutzung von alternativen Treibstoffen wie eben Wasserstoff zu haben. Erst dann können Investitionen für Unternehmen planbar werden und sich auch lohnen. Auf allen Binnenwasserstraßen der Europäischen Union gewährleistet ein gemeinsames Regelwerk die Sicherheit der Binnenschiffe und den Schutz von Mensch und Umwelt – aber in dem ist Wasserstoff bislang nicht erhalten. Eine Studie des Beratungsunternehmens Lloyd's Register im Auftrag des Deutschen Maritimen Zentrums (DMZ) in Hamburg hat untersucht, ob sich das vergleichsweise unaufwendig ändern lässt, und kommt zu einem positiven Ergebnis. »Wenn das entsprechende Regelwerk um diesen Punkt erweitert wird«, sagt Ralf Plump vom DMZ in unserem Gespräch, »könnte man den Einsatz von Wasserstoff mit ähnlichen Sicherheitsvorkehrungen wie für Flüssigerdgas erlauben.« Auf Binnenschiffen käme dann künftig je nach Bedarf der Einsatz unterschiedlicher Behälter in Frage, z. B. Gasflaschen, Gasbündel oder ISO-Container. Wichtig sei in diesem Zusammenhang der Aufbau einer Versorgungsinfrastruktur, fährt der DMZ-Referent fort. Davon würden aller Voraussicht nach nicht nur die Binnenschiffer profitieren, sondern alle potenziellen Wasserstoffnutzer entlang der Wasserstraßen.

7. Über den Wolken – grenzenlose CO_2-Freiheit?

Wenn man über umweltfreundliche Mobilität nachdenkt, fällt einem der Flugverkehr vermutlich zuletzt ein: Er gilt als einer der großen Klimasünder schlechthin, obwohl der Straßenverkehr mit rund 18 Prozent am weltweiten CO_2-Ausstoß im Bereich Mobilität an erster Stelle steht.[230] Der Flugverkehr trägt weltweit 3,5 Prozent zur menschengemachten Erderwärmung bei.[231] In diese Berechnungen fließen nicht nur die Kohlendioxidemissionen ein, sondern auch etliche andere wie Wasserdampf, Stickoxide, Ruß, Aerosolpartikel. Sie alle sind in der Atmosphäre »klimarelevant« – was nichts anderes heißt als: schaden dem Klima.

Muss das Flugzeug also quasi neu erfunden werden, damit wir in Zukunft klimaschonender fliegen können? Das frage ich Dragan Kozulovic, Professor für Flugantriebe an der Hochschule für Angewandte Wissenschaften (HAW) Hamburg, in einem Videogespräch. Zuvor habe ich mir die futuristisch wirkenden Flugzeugentwürfe angesehen, auf die man bei der Recherche unweigerlich stößt: Einige erinnern an fliegende Riesenrochen, andere strahlen mit Propellern statt Turbinen einen gewissen Retrocharme aus. Der Professor schüttelt mit freundlichem Lächeln den Kopf: »Nein, auch in 100 Jahren werden Flugzeuge wahrscheinlich noch sehr ähnlich aussehen wie heute. Aber wir müssen die Antriebe neu denken und entwickeln.« Derzeit gibt es in der Forschung drei große Strömungen, um die Emissionen zu senken, erläutert er: Zum einen geht es nach wie vor darum, die Effizienz bei den konventionellen Antrieben zu verbessern. Denn auch eine Verbesserung im Wirkungsgrad von nur einem Prozent sei ein großer Hebel, wenn man bedenkt, dass der Bestand aller Flotten weltweit auf diesen Antrieben beruht. Der zweite Punkt in der Forschung sind die sogenannten nachhaltigen Treibstoffe, *Sustainable Aviation Fuels* (SAF), auch *E-Fuels* genannt. Diese werden künftig ebenfalls in Flugzeugen mit herkömmlichen Verbrennungskraftmaschinen bzw. Gasturbinen eingesetzt, welche die Strahltriebwerke oder Propeller antreiben.

»Die Frage ist nur, wie nachhaltig das ist«, gibt Dragan Kozulovic zu bedenken. Die Produktion ist entweder sehr energieaufwendig, etwa wenn das synthetische Kerosin auf der Basis von grünem Wasserstoff und CO_2 aus der Luft erzeugt wird. Oder man braucht große Flächen, um Energiepflanzen anzubauen. Allein, um ein Auto mit E-Fuels anzutreiben, bräuchte man schon rund einen Hektar Land, rechnet Dragan Kozulovic vor. Die zweite Möglichkeit im Bereich synthetischer Kraftstoffe besteht darin, grünen Wasserstoff direkt als Treibstoff zu nutzen und ihn in herkömmlichen, aber modifizierten Gasturbinen zu verbrennen. Dann gibt es aber wieder – wie in anderen Bereichen auch, etwa im Schwerlastverkehr oder bei der Schifffahrt – das Problem mit dem Transport und der Lagerung des Energieträgers. »Ein Kilogramm Wasserstoff enthält zwar dreimal so viel Energie wie ein Kilogramm Kerosin«, erklärt Kozulovic. »Aber es hat im flüssigen Zustand ein viermal größeres Volumen. Dann passen die Tanks nicht mehr in die Tragflächen, sondern wir müssen sie in den Rumpf verschieben. Deshalb muss so ein Flugzeug anders gestaltet werden und verfügt dann über weniger Sitzplätze.«

Das könnte zwar machbar sein, aber damit wären aus Klimaschutzsicht noch nicht alle Fragen gelöst, denn auch die Verbrennung von Wasserstoff erzeugt auf der üblichen Reiseflughöhe von elf Kilometern Kondensstreifen aus Wasserdampf. Und Wasserdampf, so harmlos er am Boden oder in den unteren Luftschichten ist, hat dort oben eine dreimal stärkere Klimawirkung als Kohlendioxid. Auch Stickoxide werden bei der Verbrennung von Wasserstoff frei, wenn auch weniger als bei der Verbrennung von Kerosin, und sie tragen nur geringfügig zur Erwärmung bei. Emissionsfrei wäre also auch ein Flug mit grünem Wasserstoff nicht, immerhin aber emissionsärmer. Um die Kondensstreifen auf ein Minimum zu reduzieren, würde zudem eine niedrigere Reiseflughöhe von acht bis neun Kilometern helfen, aber damit handelt man sich andere Nachteile ein, erklärt Professor Kozulovic. »Der Luftwiderstand ist höher, somit auch der Treibstoffverbrauch. Und das Flugzeug ist auf der geringeren Höhe mittendrin im Wettergeschehen: Wolken, Turbulenzen, mögliche Unwetter, über die man sonst hinweg fliegt. Wenn die von tiefer fliegenden Wasserstoffflugzeugen umflogen werden müssen, kann es sein, dass man am Ende energetisch nichts gewonnen hat.«

Die dritte Strömung in der klimaschonenderen Luftfahrtforschung beschäftigt sich mit vollelektrischen Antrieben, also mit Wasserstoffbrennstoffzellen oder Akkus als Energieträger. Eine Kombination dieser beiden Ansätze ist ebenfalls möglich, jedoch wiegen sowohl Brennstoffzellen als auch Akkus sehr viel und haben deswegen eine relativ geringe Energiedichte. »Die Energiedichte von Lithium-Ionen-Batterien ist um den Faktor 40 geringer als die von Kerosin«, erklärt Kozulovic. Dieser Nachteil wird sich seiner Ansicht nach auch in Zukunft nicht auflösen lassen. Der Vorteil von Brennstoffzellen ist, dass sie beim Betrieb mit grünem Wasserstoff keine Emissionen von Kohlendioxid und Stickoxiden verursachen. Nur Wasserdampf bliebe als klimarelevantes Gas, aber so ein vollelektrisches und umweltfreundliches Flugzeug würde sich ohnehin auf der geringeren Höhe von acht bis neun Kilometern bewegen. Eine weitere Herausforderung bleiben auch in diesem Fall die kryogenen Wasserstofftanks, die derzeit noch groß und schwer sind. Außerdem müssen sie auch für den sicheren Betrieb in der Luftfahrt zertifiziert werden. Das ist Gegenstand der Entwicklung, sagt der HAW-Professor, der ab April 2022 an die Universität der Bundeswehr München wechselt, um dort die Professur für Flugantriebe und Turbomaschinen zu übernehmen. Die Entwicklung der Tanks kann, ebenso wie die der anderen Innovationen, noch eine Weile dauern – eine wirklich schnelle Lösung für saubereres Fliegen ist also nicht in Sicht.

Der Ingenieur Kozulovic weist darauf hin, dass es grundsätzlich im Flugzeugbau in der Regel etwa zehn Jahre braucht, bis ein neuer Flugzeugtyp entwickelt ist. Angesichts all der genannten offenen Fragen – und da wurde über die notwendige Veränderung der Infrastruktur an den Flughäfen noch gar nicht gesprochen, ebenso wenig wie über die behördlichen Abnahmeprozesse, für die auch ein neues Regelwerk ausgearbeitet werden muss – hält er es trotzdem für sehr

realistisch, dass ein vollelektrisches Flugzeug für die Kurzstrecke auf den Markt kommt, z. B. »ein Regionalflugzeug für
rund 50 Passagiere, das 500 bis 1000 Kilometer Reichweite
hat«. Insgesamt ist es, meint Kozulovic, eine Mammutaufgabe für alle Beteiligten, nicht nur für die Luftfahrt, das Fliegen
weltweit bis 2050 treibhausgasneutral zu bekommen.

Wie schon beim Straßen- und Schiffsverkehr gilt auch hier:
Nur weniger ist weniger. Jeder vermiedene Flug bringt den
Klimaschutz voran. Und es ist sinnvoll, wo immer möglich,
Alternativen für den Transport von Menschen und Waren
anzubieten, sei es durch Züge oder Schiffe mit emissionsarmen Antrieben. Doch realistischerweise wissen wir ebenfalls, dass das allein nicht ausreichen wird. Interkontinen-
talverbindungen per Schiff gibt es bislang kaum bzw. nicht
mehr, denn sie sind nicht schnell genug für die Ansprüche
unserer Zeit. Die Bevölkerung wächst, das Bedürfnis nach
Mobilität auch und damit in Zukunft ebenso der globale
Flugverkehr – es sei denn, die Staaten greifen irgendwann
mal regulatorisch ein. Technische Innovationen sind somit
auf jeden Fall gefragt: Neben der Effizienzverbesserung und
neuen Werkstoffen braucht es auch alternative Antriebe
und Treibstoffe und, daraus folgend, an manchen Stellen ein
verändertes Design für Flugzeuge.

Grüner Wasserstoff gilt also in der Flugbranche als einer der
Hoffnungsträger, um die Belastungen für Klima und Umwelt
zu reduzieren. Grundsätzlich kann er auf drei verschiedene Arten eingesetzt werden: zur direkten Verbrennung in
modifizierten Gasturbinen, zur Erzeugung von Strom über
Brennstoffzellen und als Grundstoff zur Herstellung von syn-

thetischem Kerosin. Doch auch hier gilt: Jede der Möglichkeiten hat ihre Vor- und Nachteile; deshalb ist der Weg ähnlich offen wie bei der Schifffahrt. Und die Herausforderungen sind mindestens ebenso groß. Zu den technischen Fragen, die beim Flugzeugbau gelöst werden müssen, kommen die der Infrastruktur an Flughäfen, wo Wasserstoff in großen Mengen sicher gelagert werden muss, die der Lieferketten für Wasserstoff und seine Derivate und nicht zuletzt die Herausforderungen der komplexen behördlichen Abnahmeprozesse und Zulassungsverfahren, für die neue Regeln ausgearbeitet werden müssen. Bis man emissionsarm eine längere Strecke fliegen kann, wird es noch eine Weile dauern.

Wiederum aber gar nicht mal so lang: Im Jahr 2035 soll es so weit sein. Als erstes Unternehmen verkündete Airbus Anfang 2021, mit Hilfe von Wasserstoff in jenem Jahr eine Passagiermaschine auf den Markt zu bringen, die frei von CO_2-Emissionen ist. Das ist, nach Einschätzung von Professor Kozulovic, »sehr sportlich«. »Andererseits«, meint er, »muss einer auch vorangehen.« Um dieses durchaus ambitionierte Ziel zu erreichen, entwickelt der europäische Luftfahrtkonzern in seinem ZEROe genannten Programm derzeit unterschiedliche Konzepte. Bis 2025 will man auf dieser Grundlage entscheiden können, was davon in die Serienproduktion gehen soll.

Das auffälligste Design hat jedenfalls bisher der sogenannte *Blended Wing Body*: Bei ihm verschmelzen Flügel und Rumpf zu einer Form, die an einen Riesen-Manta erinnert, also an einen Rochen, der trotz seiner zwei Tonnen Gewicht perfekt austariert durchs Meer schwebt. Dass diese Form für ein Flugzeug aerodynamisch von Vorteil ist, weil sie den Auftrieb erleichtert, kann man sich denken. Zugleich bietet sie den Konstrukteuren auch eine gute Möglichkeit, großvolumige Wasserstofftanks zu verstauen. Wobei es sich beim Rochen-Konzept von Airbus, an dem aber auch andere Flugzeugbauer und Forschungseinrichtungen schon seit Jahrzehnten arbeiten, nicht um ein reines Wasserstoffflugzeug handelt, sondern um einen Hybriden, der zusätzlich über einen Verbrennungsmotor verfügen würde. In dem ZEROe-Manta der Lüfte könnten laut Plan 200 Passagiere Platz finden und rund 3700 Kilometer weit fliegen. Allerdings gibt es auch einige Nachteile und offene Fragen – ganz praktisch etwa die, ob im Notfall eine Evakuierung in der gebotenen Schnelligkeit machbar wäre.[232]

Ein weiteres mögliches Wasserstoffmodell von Airbus hätte ebenfalls eine Reichweite von 3700 Kilometern und könnte 120 bis 200 Passagiere transportieren. Auf den ersten Blick kommt es konventioneller daher. Es hat zwei umgerüstete Strahltriebwerke, sogenannte Turbofans, wie ein herkömmlicher Passagierjet. Im hinteren Teil des Rumpfes fehlen jedoch die Fenster, denn im Heck des Flugzeugs sind die Wasserstofftanks untergebracht. Deshalb hat es auch weniger Sitzplätze. Auf der Oberseite über dem vorderen Teil des Flugzeugs befindet sich eine kleine Ausstülpung, die wie eine Antenne wirkt: Das ist ein Gasauslass, der aus Sicherheitsgründen notwendig wäre. Die dritte Airbus-Variante verfügt über einen Propellerantrieb (Turboprop) und ist ein kleineres Modell für 100 Passagiere. Die Reichweite liegt bei etwa 1850 Kilometern. Auch diese beiden Modelle sind mit einer Kombination aus Verbrennungsmotor und Brennstoffzellen ausgestattet.

»Im Moment gehen wir davon aus, dass man gerade auf der Mittel- und Langstrecke nicht ganz auf Verbrennungstriebwerke wird verzichten können«, erklärte André Walter, Chef der Zivilflugzeugsparte bei Airbus in Deutschland, Anfang 2021.[233] Elektromotoren entwickeln nicht genügend Schubkraft für den Start solch großer Passagierjets. Für den Flug wird an Bord Wasserstoff in verflüssigter Form gespeichert, also bei minus 253 Grad. Ganz frei von Emissionen wäre auch ein Zukunftsmodell von ZEROe wegen des Ausstoßes von Wasserdampf und Stickoxiden nicht. Dennoch würden Flugreisende ihren CO_2-Fußabdruck erheblich reduzieren können.

Ende 2021 traten britische Forscher ebenfalls mit einem Konzept für ein Wasserstoff-Flugzeug an die Öffentlichkeit. Es hat ein ganz anderes, aber ebenfalls auffälliges Design mit seitlichen Ausbuchtungen im Rumpf, die an prall gefüllte Hamsterbacken erinnern. Die sind den Kryotanks für Flüssigwasserstoff geschuldet, die aus Gleichgewichtsgründen nicht nur im hinteren Teil des Rumpfes, sondern zusätzlich auch vorne untergebracht sind. Das Flugzeug wurde am Aerospace Technology Institute im Rahmen des von der britischen Regierung geförderten Projektes FlyZero entwickelt. Nach den Angaben des Instituts sieht das Konzept ein Flugzeug mit zwei Turbofan-Triebwerken vor, ungefähr so groß wie eine Boeing 787. Bis zu 279 Passagiere könnten darin künftig nonstop von London nach San Francisco reisen, heißt es. Und ein noch weiterer Flug von London bis in die neuseeländische Hauptstadt Auckland solle eines Tages mit nur einer Zwischenlandung möglich werden. Die Briten gehen wie Airbus davon aus, dass Wasserstoff-Flugzeuge bis 2035 die Marktreife erreichen und wirtschaftlich betrieben werden können.[234] Solche Pläne hängen allerdings auch davon ab, wie schnell ausreichend grüner Wasserstoff zu konkurrenzfähigen Preisen zur Verfügung steht. Und das wiederum hängt bekanntlich von einem weltweiten raschen Zubau an erneuerbaren Energien ab, in Kombination mit entsprechenden Elektrolyseur-Kapazitäten.

»Luftfahrzeuge mit Antriebskonzepten auf Basis von Brennstoffzellen lösen perspektivisch heutige Flugzeuge auf der Kurz- und Mittelstrecke ab«, davon gehen zumindest das Deutsche Zentrum für Luft- und Raumfahrt (DLR) und der Bundesverband der Deutschen Luft- und Raumfahrtindustrie (BDLI) aus. Im Herbst 2020 veröffentlichten sie den Bericht *Zero Emission Aviation – Emissionsfreie Luftfahrt*.[235] Er soll aufzeigen, mit welchen Konzepten die Luftfahrt bis 2050 klimaneutral werden könnte. Dass dafür insgesamt noch viel Forschung und ein umfangreiches »Demonstratoren-Programm« notwendig sein werden, steht außer Frage.[236] Für die Langstrecke sehen Wissenschaft und Wirtschaft in diesem Weißpapier das Potenzial vor allem in nachhaltigen Kraftstoffen, kombiniert mit neuen Gasturbinen, sowie langfristig auch in der direkten Verbrennung von grünem Wasserstoff. Bis es so weit ist, dass die Flotten weltweit durch eine umweltfreundlichere Generation von Flugzeugen ersetzt werden können, was 20 bis 30 Jahre dauern wird, müssen auch die derzeitigen Luftfahrzeuge ihre Emissionen weiter reduzieren. Das könne schon durch klimaschonendere Routenführungen geschehen: »Studien des DLR zeigen, dass bereits kleine Änderungen in der Flugführung mit lediglich um ein Prozent erhöhten Betriebskosten zu einer Verringerung der Klimaauswirkungen um bis zu zehn Prozent führen könnten«, teilt die Institution mit.[237]

Im Bereich der Kurzstrecke ist die Forschung zur Reduktion von CO_2-Emissionen im Luftverkehr naturgemäß am weitesten gediehen und teils in der praktischen Erprobung. Erste kleinere Flugzeuge mit batteriebetriebenem Elektromotor sind schon auf dem Markt; aufgrund ihrer schweren Lithium-Akkus können sie bislang aber nur kurze Strecken zurücklegen. In Kombination mit Wasserstoff lässt sich die Leistung erheblich verbessern. Das Testflugzeug HY4 mit einer Doppelrumpfkonstruktion z. B. ist nach Angaben der Hersteller das weltweit erste, allerdings nur viersitzige, Passagierflugzeug mit einem wasserstoff-elektrischen Antrieb. Es hob erstmals im Jahr 2016 am Flughafen Stuttgart ab. Inzwischen hat es mehr als 70 Flüge absolviert und befindet sich im Prozess der Zulassung. Beim Überführungsflug zu einer Messe in Friedrichshafen stellte die Maschine im Mai 2022 nach Firmenangaben gar einen neuen Weltrekord für wasserstoff-elektrische Passagierflugzeuge auf.[238]

Entwickelt wurde es von der Firma H2FLY, die von fünf Ingenieuren des DLR gegründet wurde. Sie sind überzeugt, diese Technologie hochskalieren zu können. Mit einer Reichweite von bis zu 750 Kilometer könne künftig der Markt für Regionalflüge erschlossen werden, verkündete die Firma H2Fly im Sommer 2021. Und tat sich mit dem Flugzeughersteller Deutsche Aircraft zusammen, um das Projekt gemeinsam voranzutreiben. Dafür rüsten die beiden Unternehmen ein Flugzeug vom Typ Dornier 328 für wasserstoff-elektrische Passagierflüge um, das im Jahr 2025 in Betrieb genommen werden soll, mit einer Leistung von 1,5 Megawatt und bis zu 40 Sitzplätzen. »Die Wasserstoff-Brennstoffzellen-Technologie bietet uns die Möglichkeit, dass Regionalflüge vollständig frei von Kohlendioxid und Stickoxiden werden – und diese Technologie ist bereits heute verfügbar«, erklärt Josef Kallo, Mitbegründer und CEO von H2Fly, in einer Mitteilung. Die Deutsche Aircraft wiederum ist davon überzeugt, »dass die höhere Antriebseffizienz von Propellerflugzeugen ausschlaggebend für den Wandel bei der Antriebstechnologie von Flugzeugen ist und in Zukunft noch mehr Treibstoff einsparen und Emissionen vermeiden wird«, wie Martin Nüßeler, Cheftechniker des Unternehmens, sagt. »Die Kombination dieser Antriebsart mit einer langfristig CO_2-freien Energiequelle ist der Schlüssel zum klimaneutralen Luftverkehr.«[239]

Kleinflugzeuge auf der Basis von grünem Wasserstoff abheben zu lassen, ist auch das Ziel des Projektes HyFly. Ingenieure der Hochschule für angewandte Wissenschaften Würzburg-Schweinfurt entwickeln Brennstoffzellenantriebe für die Luftfahrt weiter und kombinieren sie mit dem Elektroantrieb von bereits zugelassenen Kleinflugzeugen, die aufgrund ihrer schweren Lithium-Akkus aber derzeit nur kurze Strecken zurücklegen können. Was die Integration von Wasserstoff in das gesamte System angeht (Motor, Batterie, Steuerung, Laderegelung), ist ebenfalls noch einiges an Forschung erforderlich. Dabei kooperieren sie mit verschiedenen Industriepartnern aus den Bereichen Flugzeugbau, Konstruktion, Flugtests und Zertifizierung.[240]

Klimaneutrale Regionalflüge rücken damit technisch immer näher in den Bereich des Machbaren. Wie sinnvoll das aus ökologischer Sicht ist, wäre eine andere Frage; aber es geht dabei ja nicht nur ums Reisen und auch nicht nur um unser Land oder unseren Kontinent. Mögliche Einsatzgebiete für Kleinflugzeuge mit Elektroantrieb sind beispielsweise auch der Natur- und Umweltschutz, Rettungsflüge und Katastrophenschutz sowie wissenschaftliche Projekte. Und wenn man über den europäischen Tellerrand hinausblickt, nach Asien, Afrika oder Mittel- und Südamerika, sieht man eine Infrastruktur, die schon aus naturräumlichen Gründen eine ganz andere ist. Wo Tropenwälder oder Gebirgszüge den Eisenbahn- und Straßenbau bislang entweder verhindert haben oder er aus Naturschutzgründen auch in Zukunft nicht erfolgen sollte, wird heute mit fossilen Treibstoffen geflogen. Und dafür muss ebenfalls ein Ersatz gefunden werden. Unabhängig davon ist diese Forschung für Technik- und Flugfans ohnehin spannend und vielversprechend.

Mit Pomp und Prominenz aus Politik, Industrie und Wissenschaft wurde Anfang Oktober 2021 im niedersächsischen Werlte eine Anlage in Betrieb genommen, die klimaschonenderen Treibstoff für Flugzeuge im industriellen Maßstab produziert. Nach Angaben der Betreiber handelt es sich um die erste Anlage dieser Art weltweit. Die Herstellung des CO_2-neutralen Kerosins im Emsland geschieht mit Hilfe von Windstrom aus der Region sowie Wasser und Kohlendioxid. Letzteres stammt zum einen aus einer Biogasanlage, in der Reste aus der Lebensmittelproduktion vergoren werden, zum anderen wird es direkt aus der Umgebungsluft entnommen. Die Technik, die dahintersteckt, heißt *Power to Liquid* (PtL): Hier wird Ökostrom genutzt, um sogenannte synthetische Kraftstoffe – auch als *E-Fuels* bezeichnet – herzustellen.

Betreiber der E-Kerosin-Anlage ist die gemeinnützige Klimaschutzorganisation atmosfair aus Berlin. Deren Geschäftsführer, Dietrich Brockhagen, betonte bei der Eröffnung, dass für die Produktion des grünen Kraftstoffs keine

Energiepflanzen wie Mais angebaut würden. Und den Öko-strom beziehe die Anlage auch nicht vom Strommarkt, son-dern direkt aus einem benachbarten Windpark, der schon mehr als 20 Jahre alt ist und deshalb keine EEG-Förderung mehr erhält. Die Produktion ist hier konsequent darauf an-gelegt, den ökologischen Fußabdruck möglichst klein zu hal-ten. Synthetisch bedeutet in diesem Fall das Gegenteil von fossil, weil der Kohlenstoff aus dem CO_2-Kreislauf stammt und nicht aus Jahrmillionen alten Ablagerungen, aus denen die Energieträger Kohle, Erdöl und Erdgas gefördert werden. Damit wird kein zusätzliches CO_2 in die Atmosphäre freige-setzt, welches den Treibhauseffekt verstärken würde.

Was im Herbst 2021 mit dem Probebetrieb begann, um die einzelnen Komponenten aufeinander abzustimmen, soll im Laufe des Folgejahres in den Regelbetrieb übergehen – mit acht Fässern Rohkerosin pro Tag. Per Tanklastwagen werden sie aus dem Emsland nach Heide in Schleswig-Holstein trans-portiert, wo die Weiterverarbeitung zum Flugzeugtreibstoff Jet A1 erfolgt. Dieser wird dann an den Flughafen Hamburg geliefert. Noch mutet die Produktionskapazität bescheiden an, aber es ist ein Anfang: Immerhin handelt es sich um ein neues Verfahren auf der Basis von grünem Wasserstoff.

Erster Kunde ist die Lufthansa Group, die das klimaneu-trale Kerosin auf dem Flughafen der Hansestadt einsetzt. Mindestens 25 000 Liter pro Jahr wolle man für seine Kunden abnehmen, teilte das Unternehmen mit. Dieser Kraftstoff geht zuerst in den Frachtbereich, wofür der Logistikdienst-leister Kühne+Nagel und Lufthansa Cargo miteinander ko-operieren.[241] »Wir sehen den Schlüssel zu einer nachhaltigen Reduktion unserer Emissionen im Flugbetrieb ganz klar in der Erforschung und Nutzung von synthetischen, nachhaltigen Flugkraftstoffen«, bekräftigt Dorothea von Boxberg, Vorstandsvorsitzende der Lufthansa Cargo AG.[242]

Power to Liquid als Schlüsseltechnologie für CO_2-neutrales Fliegen – positiv darüber äußerte sich bei der Einweihung der Anlage in Werlte auch Mojib Latif, Klimaforscher und Schirmherr von atmosfair: »Hier haben wir jetzt ein Projekt, das hoffentlich so schnell hochskaliert werden kann, dass die Luftfahrt bis spätestens Mitte des Jahrhunderts klimaneutral werden kann«, sagte der Meteorologe.[243] Mit Verweis auf den neuen Bericht des Weltklimarats mahnt er eindringlich, dass sich die Wirtschaft weltweit auf Alternativen zu fossilen Brennstoffen umstellen müsse. Dabei hebt er die Pionierrolle dieses Projektes hervor, das ganz ohne öffentliche Gelder auskomme. Und schlussfolgert: »Beim Klimaschutz müssen wir nicht auf die großen Ölkonzerne warten.«[244] Diese Privatinitiative made in Germany kann ein Startsignal sein, um einen Markthochlauf für synthetische Kraftstoffe in Gang zu setzen. Auch Vertreter der Reise- und Tourismusbranche gehören zu den Kooperationspartnern – und die müssen ebenfalls sehen, wie sie die Emissionen in ihrem Bereich senken. Damit in Zukunft anderweitig hergestelltes E-Kerosin wirklich strengen Nachhaltigkeitskriterien genügt und nicht etwa auf Umwegen aus fossilen Quellen stammt, hat atmosfair gemeinsam mit dem Umweltbundesamt ein Gütesiegel namens »Fairfuel« entwickelt.[245]

Lufthansa verwies bei der Eröffnung der neuen Anlage in Werlte auch auf die »biogenen« Sustainable Aviation Fuels (SAF) als eine weitere Form nachhaltiger Kraftstoffe, welche die Airlines der Unternehmensgruppe bereits seit Jahren einsetzen, als derzeit »größter Abnehmer in Europa«. Diese SAF werden aus landwirtschaftlichen Abfällen oder alten Speiseölen hergestellt und bei Frachtflügen schon eingesetzt. Aber auch Passagiere der Lufthansa können ihre CO_2-Emissionen mit Hilfe der biogenen SAF über die Buchungsplattform »kompensieren«. In dem Fall gilt das Kerosin also aufgrund seines organischen Ursprungs als klimaneutral. Doch mit dem technologischen Fortschritt bei der Herstellung von strombasiertem Kerosin – »vom Reagenzglas zum Barrel« –, wie Lufthansa es nennt, wird dieses nun als bessere Alternative für die Zukunft der Luftfahrt angesehen. Strombasierte Kraftstoffe seien langfristig von Vorteil, weil sie »theoretisch ohne Verfügbarkeitsgrenzen produziert werden können«, teilte das Unternehmen mit. Das bedeutet im Umkehrschluss, dass für biogene SAF, also die nachhaltigen Kraftstoffe aus landwirtschaftlichen Abfällen und alten Speisefetten, die Produktionskapazitäten wohl auch in Zukunft nicht reichen werden.[246]

Das trifft sich mit der Einschätzung des Unternehmers Dirk Lehmann, der direkt aus der Praxis berichten kann, weil er eine Flotte von 16 Turbinenhubschraubern betreibt. Die verbrauchen rund drei Millionen Liter Flugkraftstoff pro Jahr, erzählt er. »Mit viel Glück kann ich am Markt 150 Liter nachhaltigen Treibstoff, E-Fuels, pro Jahr erwerben«, sagt Dirk Lehmann. »Allerdings zum 15-fachen Preis des herkömmlichen Treibstoffs JET A1, umgangssprachlich Kerosin genannt. Und das reicht dann gerade mal für eine Stunde Hubschrauberflug.« Ganz gleich ob E-Kerosin oder andere nachhaltige Treibstoffe: Mit ihnen einen Ersatz für fossile Treibstoffe aufzubauen, ist unglaublich aufwendig. Das wird vorerst auch so bleiben. Und der Weg über neue Antriebe ist, wie wir gesehen haben, schon technisch sehr anspruchsvoll, zumindest was große Passagierjets bzw. Langstreckenflugzeuge angeht – und dann kommt noch die komplexe Logistik am Boden hinzu. So wird eine klimaschonendere Luftfahrt (aus heutiger Sicht) wahrscheinlich das schwierigste Kapitel der Verkehrswende.

Kapitel V

Smarter heizen: Die Wärmewende

Mehr als die Hälfte des Endenergiebedarfs[247] in Deutschland geht auf das Konto der Wärmeerzeugung.[248] Darin enthalten sind sowohl der Bedarf für Heizung und Warmwasser in Wohnungen, Häusern, Büros und Geschäften als auch die Prozesswärme für Gewerbe und Industrie. Allein der Gebäudebereich verbraucht rund 35 Prozent der Endenergie in Deutschland und verantwortet entsprechend hohe Emissionen. Doch auch hier gilt: Viel ließe sich einsparen, und das ist auch notwendig, denn sonst wird das Ziel der Bundesregierung, bis Mitte des Jahrhunderts im Gebäudebestand annähernd Klimaneutralität zu erreichen, kaum umsetzbar sein.[249] Über 42 Millionen Wohnungen gibt es in Deutschland. Und mehr als die Hälfte von ihnen wurde vor 1970 erbaut – das macht die Wärmewende nicht gerade einfacher.[250]

Für die Erzeugung von Wärme kommen heute noch überwiegend fossile Energieträger zum Einsatz.[251] Der Anteil der erneuerbaren Energien liegt nur bei rund 15 Prozent – zum Vergleich: In der Stromerzeugung macht dieser Anteil schon etwa die Hälfte aus.[252]

Um die notwendige Wärme künftig emissionsfrei zu generieren, steht eine Reihe verschiedener Technologien zur Verfügung, je nach lokalen und regionalen Bedingungen. Dazu gehören vor allem Wärmepumpen im Haus oder Sonnenkollektoren auf dem Dach. Solarthermie kann uns rund 10 bis 20 Prozent der Wärme (im Niedertemperaturbereich, also unter anderem für Privathaushalte) liefern, und Wärmepumpen können langfristig bis zu 70 Prozent des Wärmebedarfs decken.[253] Diese beiden Technologien sind seit Langem bekannt und erprobt, aber leider rücken ihre Potenziale erst jetzt verstärkt in den Fokus von Politik, Wirtschaft und Öffentlichkeit. Wissenschaftler und Umweltverbände stießen dagegen mit ihren Vorschlägen lange auf taube Ohren.

Und es gibt noch viel mehr Alternativen zu fossilen Brennstoffen: Auch die Abwärme von Industriebetrieben und Rechenzentren kann für die Einspeisung in lokale Wärmenetze genutzt werden, außerdem Wärme aus dem Abwasser, Flusswasser oder der Restmüllverbrennung (solange es das noch gibt). Und nicht zuletzt die Tiefengeothermie – Wärme aus dem Erdreich, mehrere Tausend Meter tief. Grüner Wasserstoff hingegen spielt für die Wärmeerzeugung kaum eine Rolle. Das liegt daran, dass er aufgrund seiner aufwendigen Herstellung zu wertvoll zum Verheizen ist. Stattdessen ist es energetisch sinnvoller, ihn dort einzusetzen, wo es keine Alternativen gibt: in der Industrie z. B., die ihn für ihre Reduktionsprozesse braucht, und auch in der Mobilität, insbesondere im Schwerlast-, Schiffs- und Flugverkehr, wie wir bereits gesehen haben.

Allerdings gibt es Forschungsprojekte, welche die Einspeisung von Wasserstoff ins Erdgasnetz mit dem Ziel der Wärmegewinnung untersuchen, um auch auf diesem Feld Erfahrungen zu sammeln. Zum Beispiel in Hamburg-Bergedorf. Dort steht neben Backsteinwohnhäusern ein kleines, türkisblau getünchtes Gebäude. Die poppigen Wasserstoffmoleküle auf der Eingangsseite machen schon klar, worum es hier geht: eine Wasserstoff-Einspeiseanlage. Mit ihr wird seit dem Frühjahr 2021 erprobt, auf welche Weise sich Wasserstoff am besten dem Erdgas beimischen lässt. Der daraus entstehende Mix dient der Wärmeerzeugung für die umliegenden Mehrfamilienhäuser aus sandfarbenem Mauerwerk. Die Bewohner der 273 Wohnungen neben dem Betriebsgebäude sind Teil eines EU-geförderten Versuchsprojektes[254]: Die Wärme ihrer Wohnungen, geliefert vom Versorger enercity, basiert zu einem kleinen Anteil auf grünem Wasserstoff.

Tom Lindemann, Projektleiter bei Gasnetz Hamburg, erklärt im Betriebsgebäude gestenreich die Technik: »In dieser Rohrleitung kommt das Erdgas aus dem Verteilnetz an, wird an der Mischanlage mit Wasserstoff versetzt und anschließend als Gasgemisch zur Wärmezentrale weitergeleitet.« Da, wo die Mischanlage steht, kann man auf Anzeigern und Messgeräten verschiedene Parameter erkennen: Druck und Durchflussmenge der beiden zu mischenden Gase sowie die Konzentration des Wasserstoffs. Dieser wird dem Erdgas in einer röhrenförmigen Mischeinheit zugegeben, welche die Gase dann miteinander verwirbelt. Weil beide Gase unterschiedliche Brennwerte haben, kommt es auf das Mischungsverhältnis an: Wenn es stimmt, tun die Heizgeräte, die an die Leitung mit dem Gasgemisch angeschlossen sind, rund um die Uhr ihren Dienst. Stimmt es nicht, kann es Schwierigkeiten bei der Messung, Abrechnung und möglicherweise mit den nachgeschalteten Heizgeräten geben. Um herauszufinden, ob und wie eine Wasserstoffbeimischung zuverlässig funktioniert und ob sich das Prinzip in Zukunft auch auf andere Nahwärmenetze übertragen lässt, fördert die Europäische Union diesen wissenschaftlich begleiteten Praxistest in der Hansestadt im Rahmen des MySMARTLife-Projekts.[255] Für die Testphase hat Gasnetz Hamburg eine CO_2-Reduktion von 12 Prozent errechnet, verglichen mit dem reinen Erdgasbetrieb.

Wasserstoff hat einen geringeren Brennwert als Erdgas. Bezogen auf das weitverbreitete sogenannte H-Gas[256] (hochkalorisches Gas) beim Erdgas beträgt er nur etwa ein Drittel. Die große Herausforderung liegt somit darin, mit der Messanlage ein konstantes Mischungsverhältnis hinzukriegen, »auch wenn der Gasverbrauch über den Tag stark schwankt«, so der Ingenieur Lindemann. In der Wärmezentrale sorgen zwei Blockheizkraftwerke (BHKW) und zwei Brennwertkessel für die Grund- bzw. Spitzenlast; zusammen bilden sie eine Kombination, die für ihre hohe Effizienz bekannt ist. Die maximale Wärmekapazität liegt bei rund 2000 Megawattstunden pro Jahr. Als Brennstoff dient also Erdgas, dem derzeit testweise 10 bis 15 Prozent Wasserstoff beigemischt wird. Bis zum Ende des Forschungsprojektes im Herbst 2022 soll dieser Anteil schrittweise auf 30 Prozent ansteigen.

Die Gaswirtschaft verweist auf ihre gut ausgebaute Infrastruktur in Deutschland: Die Hälfte aller Wohnungen im Gebäudebestand wird nach Angaben des Energieverbandes BDEW mit Gas beheizt. Auf Platz zwei folgt Heizöl (25 Prozent) und dann Fernwärme (14 Prozent). Mit 500 000 Kilometern Leitungslänge im Gasnetz und mehr als 30 000 Kilometern in der Fernwärme verfügt Deutschland in der Tat über eine gut ausgebaute Infrastruktur zur Wärmeversorgung.[257] Deshalb wären schon heute mehr als 60 Prozent aller Wohnungen über Gas- und Fernwärmeleitungen mit Wasserstoff und klimaneutralen Gasen erreichbar, rechnet auch der Deutsche Verein des Gas- und Wasserfachs (DVGW) vor.[258] »Gasleitungen bestehen heutzutage fast ausschließlich aus Kunststoff und Stahl«, erklärt der DVGW. »Kunststoffleitungen und die im Verteilnetz üblichen Stahlrohre sind H_2-verträglich, wodurch bereits heute der Großteil der Rohrkomponenten der Verteilnetze H_2-verträglich ist.«[259] Deshalb sei eine 100-prozentige Versorgung mit Wasserstoff über die Verteilnetze technisch möglich, so die Interessenvertreter der Gasbranche.

Auf der anderen Seite stehen die Branchenvertreter der Wärmepumpe. Wärmepumpen nehmen Wärme aus der Umgebung auf: aus der Luft oder dem Erdreich, aus Abwasser, Gewässern oder unterirdischen Wasseradern, aber auch aus industrieller Abwärme – sie nutzen also das, was, aus ganz unterschiedlichen Gründen, schon da ist. Für den Entzug der Wärme und das Anheben auf ein höheres Temperaturniveau brauchen die Pumpen Strom. Wenn dieser aus Sonnen- oder Windenergie stammt, lassen sich mit Hilfe von Wärmepumpen die Treibhausgasemissionen erheblich reduzieren. Der Anteil von Wärmepumpen in Neubauten ist in den vergangenen Jahren gestiegen und liegt mittlerweile bei über 30 Prozent.[260]

Für eine klimaverträglichere Wärmeversorgung muss ihr Einsatz in Zukunft rasch weiterwachsen. Gegen die Abhängigkeit von russischem Erdgas forderten die Scientists for Future im Frühjahr 2022: »Ziel sollte es sein, ab 2025 circa 800 000 möglichst langlebige Wärmepumpen pro Jahr herzustellen und ihren Preis gegenüber dem heutigen Niveau zu halbieren.«[261]

Das Fraunhofer ISE empfiehlt Wärmepumpen nach entsprechenden Feldstudien ausdrücklich auch für Bestandsgebäude.[262] Auch das Wuppertal Institut für Klima, Umwelt, Energie sieht die Bedeutung dieser Technologie. Anfang März 2022 erschien die Studie *Heizen ohne Öl und Gas bis 2035*, die das Institut im Auftrag von Greenpeace erstellt hat. Darin entwerfen die Wissenschaftler ein »Sofortprogramm für die Wärmewende«, das vor allem den Einsatz von Wärmepumpen und Solarthermie-Anlagen vorsieht. Kombiniert werden müsste das mit einer energetischen Sanierung von jährlich mindestens drei Prozent der Bestandsgebäude. Zudem sollten die »Nah- und Fernwärmenetze stark ausgebaut und bis 2035 auf erneuerbare Energien umgestellt werden«, so die Autoren der Studie. Für die Umsetzung des Programms empfehlen sie ordnungsrechtliche Maßnahmen, die jeweils mit einer passenden finanziellen Förderung gekoppelt werden sollten. Mit Hilfe einer derartigen Strategie »reduzieren sich nicht nur die Versorgungsrisiken«, sagt Manfred Fischedick, wissenschaftlicher Geschäftsführer des Wuppertal Instituts, laut Mitteilung. »Die beschleunigte Wärmewende ist für Haushalte, Unternehmen und öffentliche Einrichtungen auch wirtschaftlich höchst attraktiv.«[263] Denn obwohl der Ausstieg aus Öl und Gas zunächst jährlich zusätzliche Investitionen in Höhe von 50 Milliarden Euro sowie 22 Milliarden Euro staatliche Fördergelder erfordere, sei dies »eine Investition in die Zukunft und aus heutiger Sicht notwendige Vorleistung, um zukünftig Geld einzusparen«. Ab 2035 könnten dadurch »jährlich netto 11,5 Milliarden Euro der Kosten reduziert werden«. Hinzu kommen nach Einschätzung des Wuppertal Instituts die positiven volkswirtschaftlichen Aspekte: So könnten eine halbe Million Arbeitsplätze geschaffen oder gesichert werden, die Hälfte davon in der Bauwirtschaft. Bis 2035 ließe sich auf diese Weise die Wärmeversorgung von Gebäuden in Deutschland vollständig auf erneuerbare Energien umstellen. Und das würde die Emissionen um 168 Millionen Tonnen CO_2-Äquivalente pro Jahr senken.[264]

Diese Beispiele ebenso wie die öffentliche Debatte zeigen aber auch: Um den »richtigen Weg« in der Wärmeversorgung wird heftig gerungen. Die eine Fraktion setzt quasi ausschließlich auf grünen Strom in der Wärmeversorgung;[265] die andere plädiert dafür, auch grüne Moleküle – also grünen Wasserstoff, Biogas und synthetisches Methan – in die Planung mit einzubeziehen. Die dafür erforderlichen Verteilnetze sind oft im Besitz der kommunalen Versorger. Und die haben per se ein Interesse daran, ihre Infrastruktur zu erhalten. Das ist nachvollziehbar, nicht zuletzt deshalb, weil diese Netze ja auch einen hohen Wert für die jeweilige Gemeinde bedeuten.

Doch auch wenn im Gebäudebereich die Weichen für die Zukunft in Richtung Wärmepumpen gestellt werden, braucht es für die Übergangzeit Lösungen. Sei es für die Erdgasanschlüsse in Hamburg-Bergedorf oder für die rund 653 000 neuen Erdgasheizungen, die allein im Jahr 2021 in Deutschland installiert worden sind.[266] »Gasbrennwertthermen und Blockheizkraftwerk-Anlagen haben eine Laufzeit von oft bis zu 20 Jahren«, erläutert Bernd Eilitz, Sprecher von Gasnetz Hamburg, auf meine Nachfrage. »In solchen Fällen und je nach lokalen Bedingungen in den einzelnen

Stadtquartieren kann eine Wasserstoffbeimischung grundsätzlich zur Reduktion von CO_2-Emissionen bei der Wärmeversorgung beitragen. Es geht nicht darum, den Einsatz von fossilem Erdgas so lange wie möglich hinauszuzögern. Das zeigt schon unsere Beteiligung an der Integrierten Netzplanung, bei der Strom-, Gas- und Fernwärmeleitungen zusammengedacht werden. Auch wir sind an einem systemischen Ansatz interessiert.«

Die Erkenntnisse, die bei MySMARTLife mit der Beimischung von Wasserstoff im Erdgasnetz gewonnen werden, hält Professor Hans Schäfers, der an dem Projekt beteiligt ist, zwar für wichtig, beispielsweise in Bezug auf die Regelung von Gasgemischen. Dennoch hat dieser Weg der Wärmeversorgung für den stellvertretenden Leiter des Competence Center für Erneuerbare Energien und EnergieEffizienz an der Hochschule für Angewandte Wissenschaften Hamburg (HAW) keine Zukunft, weil er »viel zu energieaufwendig« ist. Und deshalb nicht für einen Dauerbetrieb sinnvoll: »Aus einer Kilowattstunde Grünstrom kann ich entweder 0,8 Kilowattstunden Wasserstoff zum Heizen machen oder mit einer Wärmepumpe drei bis vier Kilowatt Heizwärme ins Haus holen. Wärmepumpen liefern also einen 3,5- bis 5-mal so großen Beitrag zur Problemlösung wie Wasserstoff. Was wir daher jetzt brauchen«, erklärt er weiter, »ist eine Strategie auf kommunaler Ebene. Die Kommunen müssten innerhalb der nächsten Jahre adressengenau erfassen, wo Nah- oder Fernwärme eingesetzt werden kann und wo nicht. Wo sollen Wärmepumpen hin, wo kann man Industriewärme nutzen und wo – beispielsweise auf dem Land – Biomasse?«[267] Sinn solcher Pläne sei es, dass jeder Bürger im Land Bescheid wissen müsse, was in den kommenden zehn Jahren mit seinem Erdgasanschluss geschieht, damit er seinen Heizungswechsel planen kann.

Die Umstellung auf Wärmepumpen hält Hans Schäfers auch im Gebäudebestand für sinnvoll, gegebenenfalls nach entsprechender (Teil-)Sanierung. Eine verbesserte Wärmedämmung bei Altbauten, sofern das noch nicht – oder nicht ausreichend – geschehen ist, senkt den Bedarf an Heizenergie. Und das wiederum ist notwendig, um den verbleibenden Bedarf aus erneuerbaren Energiequellen decken zu können. Mehr Energieeffizienz steht auch nach Meinung anderer Experten ganz oben auf der Liste. Eine Sanierung bedeutet zwar am Anfang massive Investitionen, am Ende aber winken dauerhaft niedrigere Heiz- und Betriebskosten. Derzeit steigen sie für die meisten Menschen – seit Herbst 2021 und massiv noch mal im Frühjahr 2022 –, weil sie von fossilen Energieträgern abhängig sind. Außerdem wird der steigende Preis für CO_2-Emissionen die Kosten für fossile Brennstoffe weiter verteuern, wodurch regenerative Energie noch attraktiver wird. In Skandinavien, wo die Winter in der Regel kälter als in Deutschland sind, haben sich Wärmepumpen schon weiter verbreitet als hier.[268]

Wie sehr sich Energieeffizienz auszahlt, hat die Deutsche Energie-Agentur (dena) anhand von mehr als 400 Gebäuden untersucht, indem sie den Verbrauch vor der Sanierung und mehrere Jahre danach miteinander verglich. Ergebnis: Die sanierten Gebäude konnten durchschnittlich knapp 75 Prozent der Endenergie einsparen. Dass die Sanierung von Häusern dem Handwerk zugutekommt und somit die lokale Wertschöpfung stärkt, ist ebenfalls klar. Der Mangel an Fachkräften und Material steht dem jedoch erst mal entgegen. Dafür müssen Lösungen gefunden werden, kommentiert Christian Stolte, Bereichsleiter Klimaneutrale Gebäude bei der dena, indem etwa Märkte und Geschäftsmodelle für Energieeffizienz vorangetrieben werden: »Serielles Sanieren ist ein gutes Beispiel dafür. Energiedienstleistungen können zunehmend zu Effizienzdienstleistungen werden, wie das Energiesparcontracting zeigt.«[269]

Was sich hier sehr fachlich anhört, ist in der Praxis durchaus nützlich, um bei Sanierungen Zeit und Geld zu sparen: Vom Energiesparcontracting spricht man, wenn etwa Haus- oder Wohnungseigentümer die Energieversorgung auf einen Dienstleister übertragen, der in diesem Bereich spezialisiert ist. Serielles Sanieren bedeutet, dass man vorgefertigte Bauteile und Anlagetechnik einsetzt, z. B. Dach- oder Fassadenelemente oder Wärmepumpenmodule. Serielles Sanieren kann gerade für den Altbaubestand und bei Mehrfamilienhäusern attraktiv sein, wenn z. B. nicht mehr einzelne Dämmplatten in mühsamer Handarbeit angebracht werden müssen. Mit Laserscannern können Gebäude heutzutage exakt vermessen werden, und mit diesen Daten wird dann eine passende Hülle maschinell vorgefertigt. Statt mehrere Monate dauert eine Sanierung dann nur noch wenige Wochen.[270] Serielles Sanieren wird vom Bund gefördert.

Die Frage, wie wir unsere Wohnungen und Häuser bzw. ganze Dörfer und Stadtteile mit Energie zum Heizen und für Warmwasser versorgen können, um schnellstmöglich aus Öl und Erdgas auszusteigen, wird immer drängender. Am besten wäre es, dafür Niedertemperaturwärme (unter 100 Grad, besser noch deutlich niedriger, sonst lässt sich

Solar- und Abwärme nicht einbinden) bereitzustellen, die je nach lokalen Bedingungen aus unterschiedlichen Energiequellen stammen könnte. Verteilen lässt sie sich über Nah- oder Fernwärmenetze. Neben Wärmepumpen, die mit Ökostrom betrieben werden, wird wahrscheinlich auch die Tiefengeothermie künftig eine wichtige Rolle spielen, nicht nur in Deutschland. Diese Wärmequelle schlummert bis zu 5000 Meter tief im Erdreich – die Bohrungen allerdings, die nötig sind, um diesen energetischen Schatz heben zu können, sind aufwendig und teuer. Und sie sind nicht in jedem Fall von Erfolg gekrönt. Aber wenn man tatsächlich auf das gewünschte heiße Wasser trifft – was man vorher trotz genauer Vorerkundung nicht sicher wissen kann –, dann erschließt sich dort ein Potenzial im Gigawattbereich. Und das reicht, um ganze Ballungsgebiete mit Heizwärme zu versorgen.

Dennoch bleibt das nicht auszuschließende Kostenrisiko, Millionen Euro in eine mehrere Tausend Meter tiefe Bohrung zu investieren und hinterher mit leeren Händen dazustehen. Die Wissenschaftler vom Fraunhofer IEG und vom Helmholtz-Zentrum Potsdam GFZ, die die *Geothermie-Roadmap für Deutschland* erstellt haben, empfehlen der Bundesregierung trotzdem, diese Potenziale zu erschließen und die dafür notwendigen Investitionen zu fördern. Denn auch hier argumentieren die Wissenschaftler: Durch den steigenden CO_2-Preis wird auch der Einsatz von fossilem Erdgas immer teurer, und außerdem kostet allein der Import jedes Jahr viele Milliarden Euro. Die Forscher weisen darauf hin, dass die Wärme aus dem Erdreich ganzjährig und wetterunabhängig zur Verfügung steht und die Bereitstellung wenig Platz benötigt.[271]

Das ist besonders in Städten wichtig, wo nicht jedes Haus durch oberflächennahe Geothermie erschlossen werden kann, erklärt Rolf Bracke, Leiter der Fraunhofer-Einrichtung für Energieinfrastrukturen und Geothermie IEG. Zudem sei die Tiefengeothermie für industrielle Prozesse, die mehr Energie verbrauchen als ein Eigenheim, interessant, z. B. für Gewächshäuser, Bäckereien oder in der Papierherstellung: »Auch für die industrielle Prozesswärme bis 180 Grad könnte man Tiefengeothermie nutzen, etwa zusammen mit Großwärmepumpen – das entspricht bis zu einem Drittel des gesamten industriellen Wärmebedarfs«, sagt Bracke.[272] Insgesamt könnte man mit Hilfe dieser Technologie Energiesouveränität für mehr als ein Viertel des gesamten jährlichen Wärmebedarfs in Deutschland erreichen (über 300 Terawattstunden).[273] Hinzu kommt der unschätzbare Wert, eine weitere heimische Energiequelle erschlossen zu haben, um im besten Fall nicht mehr von Despoten und Diktatoren abhängig zu sein. Wie wichtig das ist, bezweifelt wohl spätestens seit dem russischen Angriff auf die Ukraine niemand mehr.

Das Thema Erdwärme ist in der Öffentlichkeit allerdings vorbelastet durch die negativen Erfahrungen in Staufen, einer hübschen kleinen Stadt im Schwarzwald. Dort hob sich im Jahr 2007 infolge von missglückten Bohrungen der Boden im historischen Zentrum, was zu Rissen an mehr als 260 Häusern führte.[274]

Weil die Hebung bislang nicht zu stoppen war, bleibt das ein tragisches und verstörendes Ereignis für die Bewohner dieser denkmalgeschützten Stadt. Für sie kann es kein Trost sein, dass so etwas, statistisch betrachtet, sehr selten vorkommt und dass die Techniker inzwischen gelernt haben, solche Kalamitäten zu vermeiden. In Baden-Württemberg, das wegen seiner vielen Thermalquellen ohnehin auf eine reiche Tradition der Bäderkultur zurückblickt, wird Erdwärme schon lange genutzt. Und weitere Bohrungen sind geplant. Selbst in Staufen laufen andere Erdwärmeanlagen ohne Schwierigkeiten.

Auch Bayern setzt auf Geothermie. Der Landkreis München verfügt über einen riesigen Schatz von Thermalwasser, der wohl seinesgleichen in Deutschland sucht.[275] Die bayerische Landeshauptstadt nutzt ebenfalls Erdwärme, um ihr Ziel zu erreichen, bis zum Jahr 2035 klimaneutral zu werden. Verschiedene Maßnahmen sollen zu einem emissionsfreien Wärmemix führen, der neben Geothermie weitere Quellen erneuerbarer Energien enthält. Wo die entsprechende Infrastruktur vorhanden ist, soll die Wärme über das Fernwärmenetz verteilt werden. In Stadtteilen, in denen das nicht angeboten werden kann, sollen die Erdgas- und Heizölheizungen möglichst durch Wärmepumpen oder andere Technologien ersetzt werden, die die Nutzung erneuerbarer Energien erlauben. Auch diese Pläne gehen einher mit der energetischen Sanierung der Gebäude, um die Wärmedämmung zu verbessern. München strebt dabei eine Sanierungsrate von mehr als zwei Prozent aller Gebäude pro Jahr an.[276]

Auch z. B. in Wien, Zürich und Kopenhagen findet Vergleichbares statt: Der Wärmemix für die Bewohner soll künftig aus verschiedenen Quellen stammen, wie Geothermie und andere erneuerbare Energien, Abwärme aus Kraftwerken, Rechenzentren, Kläranlagen, Müllverbrennung, Gewerbebetrieben und gegebenenfalls Industriebetrieben. Die

Bereitstellung der so gewonnenen Wärme erfolgt – je nach Verfügbarkeit – in Wärmenetzen. Auch große Wärmepumpen sollen künftig mehr zum Einsatz kommen; sie werden schon bald enorm an Bedeutung gewinnen.

Und unabhängig vom Energieträger arbeitet die Wissenschaft daran, Wärmenetze grundsätzlich weiter zu optimieren. Denn auch sie können mit Hilfe entsprechender Informations- und Kommunikationstechnologie (IKT) »intelligent« werden, ähnlich wie die Stromnetze *(Smart Grids)*. Sogenannte *Smart Heat Grids* reagieren flexibel auf sich ändernde Bedingungen. Dadurch können sie mehr erneuerbare Energien integrieren und insgesamt effizienter sein. Ein entsprechendes Projekt läuft in Hamburg in einer Kooperation zwischen der HAW Hamburg und dem städtischen Versorger Hamburg Energie. Dabei verknüpfen die Forscher unterschiedliche Wärmeerzeuger miteinander und erproben das Ganze in Feldtests in einem Wärmenetz, das den dicht besiedelten Stadtteil Hamburg-Wilhelmsburg versorgt. Zu den Technologien, die in einem Verbund kombiniert werden, gehören Anlagen der Solarthermie, Kraft-Wärme-Kopplung, Wärmepumpen, Power-to-Heat (Elektrodenheizkessel), industrielle Abwärme und Biomasse.[277]

Mit einiger Wahrscheinlichkeit könnte auch in der Hansestadt bald Tiefengeothermie hinzukommen; die Bohrungen dafür haben im Januar 2022 begonnen, im Rahmen eines »Reallabors für die Energiewende«, das vom Bundesministerium für Wirtschaft und Klimaschutz unterstützt wird.[278] Bei Erfolg soll das heiße Wasser eines geothermischen Reservoirs künftig aus rund dreieinhalb Kilometern Tiefe unter der Elbinsel Wilhelmsburg mittels einer Bohrung angezapft und durch ein Rohr an die Erdoberfläche gepumpt werden. Dort gelangt es in eine Geothermie-Anlage, in der dem Wasser dann über einen Wärmetauscher die Energie entzogen wird. Das erkaltete Wasser wird über ein zweites Rohr zurück in die Tiefe geleitet. Das Thermalwasser aus dem tiefen Untergrund wird somit im Kreislauf geführt. Über ein Heizwerk mit Wärmepumpe wird die Energie in ein neu zu errichtendes Nahwärmenetz eingespeist. Damit die im Sommer nicht benötigte Wärme nicht verschwendet wird, wird kaltes, salziges Grundwasser in geringer Tiefe entnommen, aufgeheizt und für den Winter im Boden gespeichert. Bei Bedarf wird dieses warme Wasser wieder hochgepumpt, ihm wird die Wärme entzogen, und es wird als kaltes Wasser an seinen Ursprungsort zurückgeführt.

Flexibles Lastmanagement, also die Nutzung von Wärme nach Angebot, ist auch bei Wärmenetzen möglich, analog zum flexiblen Lastmanagement im Stromnetz. In diesem Zusammenhang entwickelt das Forscherteam für das *Smart Heat Grid* Betriebskonzepte, welche unter anderem die flexible Abnahme von Wärme ermöglichen sowie bei Bedarf auch eine Rückspeisung, falls die Bedingungen es zulassen. Auch an diesem Projekt ist der HAW-Professor Schäfers beteiligt. Der Ingenieur und Energieexperte resümiert, dass es eine Mammutaufgabe bleibt, die Wärme bis zum Jahr 2045 wirklich klimaneutral zu erzeugen. Es könnte knapp werden: Immerhin müssen in den kommenden gut zwei Jahrzehnten Millionen von Öl- und Gasheizungen ausgetauscht werden, und das geht nun mal nicht von jetzt auf gleich. Bereits in den 2020er Jahren müssen wir in diesem Bereich mit großen Schritten vorangehen, sonst schaffen wir die Wärmewende nicht (rechtzeitig).

Doch selbst wenn wir auch diesen Brocken bewältigt haben, müssen wir uns immer noch um die unvermeidlichen Restemissionen kümmern. Wie das geschieht – und wie wir grundsätzlich mehr in eine Kreislaufwirtschaft kommen können –, zeigt das letzte Kapitel.

Kapitel VI

Abwasser, Atmosphäre –
Ausblicke auf die Energiewende

Klimaneutral wohnen und Energie aus dem Abwasser gewinnen – diese Prinzipien der nachhaltigen Stadtentwick-
lung werden in Hamburg im großen Maßstab erprobt. Die
Jenfelder Au, ein Neubauviertel für mehr als 2000 Bewohner
im Osten der Hansestadt, ist in Europa das größte Quartier,
in dem aus Abwasser Strom und Wärme erzeugt werden.[279]
Ähnliche Projekte gibt es auch in Belgien, den Niederlanden,
Schweden und Spanien, allerdings in kleinerem Maßstab.
In dem neuen Hamburger Wohngebiet gelangen Abwasser
und Regenwasser nicht mehr vermischt in die Kanalisation.
Stattdessen werden die Abwässer je nach Herkunft und Ver-
schmutzungsgrad unterschieden: Was aus den Waschbe-
cken in Bad und Küche sowie aus der Dusche fließt, gilt als
»Grauwasser« und wird getrennt vom »Schwarzwasser« der
Toiletten abgeleitet. Hinzu kommt Regenwasser als weitere
Abwasserart, und alle drei werden unterschiedlich behan-
delt und verwertet.[280]

   »Unser Abwasser ist Gold wert«, kommentiert Nathalie
Leroy mit leicht ironischem Unterton, als das Entwässe-

rungskonzept Hamburg Water Cycle (HWC) im Sommer 2019 feierlich in Betrieb genommen wurde. Damals war sie Geschäftsführerin von Hamburg Wasser, dem städtischen Versorger, der den HWC in jahrelanger Arbeit entwickelt hat. »Mit diesem Konzept kombinieren wir direkt im Quartier die Abwasserreinigung mit der Energiegewinnung. Das reduziert den Ausstoß von Kohlendioxid und schont die Wasser-Ressourcen.«[281]

Auch wenn es etwas anrüchig klingt: Energetisch am wertvollsten ist genau das, was mit der Toilettenspülung abfließt. Über ein Netz aus Unterdruckleitungen landet das sogenannte »Schwarzwasser« in einer Faulanlage. Auf dem Weg dorthin wird es noch mit »Fettwasser«, das sind Abfälle aus gastronomischen Betrieben, vermischt und landet im Gärbottich. Innerhalb von drei Wochen vergären die Abwässer zu Biomethan, das als klimaneutraler Brennstoff ein Blockheizkraftwerk befeuert, um Elektrizität und Wärme zu erzeugen. Beides wird direkt im Wohnviertel genutzt und deckt somit immerhin einen Teil des Energiebedarfs ab. Die Energie, die nach Berechnungen von Hamburg Wasser aus dem WC-Abwasser gewonnen wird, beläuft sich auf rund 450 000 Kilowattstunden Strom und 690 000 Kilowattstunden Wärme im Jahr. Das entspricht ungefähr dem Strombedarf von 225 Hamburger Haushalten und dem Wärmebedarf von 70 Haushalten.

Der Energiegewinn ist aber nicht der einzige Grund, warum Abwasser so wertvoll ist. Der zweite sind die Feststoffe, die nach dem Gärprozess zurückbleiben. Sie enthalten lebenswichtige Pflanzennährstoffe wie Phosphor, Stickstoff und

Kalium – und die sollen in Zukunft für den Einsatz in der Landwirtschaft zurückgewonnen werden.

Ein Problem ist dabei allerdings, dass die Gärreste auch schädliche Substanzen enthalten, wie zum Beispiel Wirkstoffe aus Medikamenten oder deren Abbauprodukte, außerdem Krankheitserreger und Mikroplastik. Welche Schadstoffe beziehungsweise Keime das im Einzelnen sind und woher sie kommen, ist Gegenstand der Forschung. »Wir haben bereits während der Inbetriebnahme der Schwarzwasserbehandlung mit wissenschaftlichen Partnern zusammengearbeitet«, erklärt Ole Braukmann von Hamburg Wasser auf Nachfrage. »Aktuell erforschen wir, mit welchen Technologien das Grauwasser effizient behandelt werden kann.« Die Realisierung des Konzepts Hamburg Water Cycle ist zugleich ein wissenschaftlich begleitetes Pilotprojekt, unter anderem »um Lösungen zu finden, mit denen sich Mikroschadstoffe aus dem Abwasser eliminieren lassen«.[282]

An die getrennte Abwasserbehandlung sind 835 Wohnungen angeschlossen, die auf dem 35 Hektar großen Gelände der ehemaligen Lettow-Vorbeck-Kaserne gebaut wurden. Ein Teil von ihnen wird als Sozialwohnungen vermietet. Um wertvolles Trinkwasser zu sparen, sind die Häuser mit Vakuumtoiletten ausgestattet, wie man sie aus dem Flugzeug kennt. Äußerlich unterscheiden sie sich zwar nicht von konventionellen WCs, allerdings geben sie beim Spülen ein kurzes, hartes Sauggeräusch von sich. Die Schwarzwasserleitungen funktionieren mit Unterdruck, was bautechnisch den Vorteil hat, dass sie weniger Material und Platz benötigen als die normalen Spülrohre. An der Verbesserung des Schallschutzes in der Toilette werde noch gearbeitet, berichtete eine Bewohnerin bei der Einweihung. Man habe sich etwas daran gewöhnen müssen, dieses Geräusch nachts aus der Nachbarwohnung zu hören. Aber weil das WC dafür auch nur einen Liter Wasser pro Spülgang benötigt statt der üblichen sechs bis neun Liter, sparen alle Bewohner erheblich bei den Wasser- und Abwassergebühren.

Die jahrelange Entwicklung des Hamburg Water Cycle sei eine »echte Pionierarbeit« gewesen, resümiert Nathalie Leroy. Die Inbetriebnahme der Pilotanlage steht für einen Paradigmenwechsel in der Wasserwirtschaft, an dem seit Jahren weltweit geforscht wird, vor allem in Asien: die Verknüpfung von Abwasserentsorgung und Energiegewinnung. Das HWC-Konzept ist extra so angelegt, dass es sich ohne großen Aufwand auf andere Städte übertragen lässt, und aufgrund der wassersparenden Technik eignet es sich besonders für Länder, in denen Wasser und andere Ressourcen knapp sind. Grauwasser lässt sich sowohl zur Straßenreinigung als auch zur Bewässerung von Grünanlagen verwenden.

Bleibt schließlich noch das Regenwasser: Dessen Management wird gerade in Großstädten immer wichtiger, um sie besser an den Klimawandel anzupassen. Laut Prognosen gehört zu den Folgen der Erderwärmung an vielen Orten in Mitteleuropa, dass das Wetter häufiger zwischen Starkregen und Trockenheit schwanken wird. Seit einigen Jahren gilt daher für Stadtplaner die Devise, Regenwasser künftig »über die Fläche« versickern zu lassen, wie sie es nennen. Solche Flächen müssen vermehrt eingeplant werden, etwa durch die Anlage von Parks, Blührandstreifen, begrünten Dächern und Fassaden. Oder auch durch die Anlage von Rückhaltebecken, Mulden und Gräben sowie über die Entsiegelung von Parkplätzen und anderen zubetonierten Flächen. Solche

Maßnahmen versprechen einen doppelten Gewinn: Zum einen entlasten sie die Kanalisation bei sturzbachartigen Niederschlägen; zum anderen dient das zurückgehaltene Regenwasser bei der nächsten Hitzewelle auch der natürlichen Kühlung der Stadt, indem es langsam verdunstet.

Solche Maßnahmen sind als Anpassung an die bereits bestehenden Folgen des Klimawandels notwendig. Andere sollen verhindern, dass sich seine Folgen noch verstärken, denn auch wenn wir es am Ende geschafft haben sollten, in Deutschland bis 2045 klimaneutral zu werden, fallen weiterhin Emissionen an, die als unvermeidliche Restemissionen gelten. Sie sind prozessbedingt oder entstehen in der Agrarwirtschaft, aber auch sie müssen kompensiert werden. Anfang April 2022 wies der Weltklimarat IPCC noch mal auf die Dringlichkeit hin, sich dieses Themas anzunehmen. Die Lösungen sind teils bekannt, teils müssen sie weiter erforscht werden. An erster Stelle steht der natürliche Klimaschutz, zum Beispiel trockengelegte Moore wiederzuvernässen, Forstflächen in naturnahe Laubmischwälder umzuwandeln etc. Aber auch der technische Klimaschutz wird in Zukunft eine wichtige Rolle spielen.

Ein Beispiel für praxisnahe Forschungsaktivitäten in diesem Bereich findet sich auf dem Dach des Technologiezentrums in Hamburg-Bergedorf. Hier gibt es allerlei zu sehen, was der Energiewende dient, wie Solarmodule, die Ökostrom erzeugen, rote Gasflaschen, in denen Wasserstoff gespeichert wird, und seit Herbst 2021 auch einen Schiffscontainer mit besonderem Inhalt: eine DAC-Anlage *(Direct Air Capture)*, sozusagen eine Art »CO_2-Staubsauger«. Das ist eine Maschine, die Kohlendioxid aus der Luft filtert, um es als Grundstoff zu verwenden. Aus diesem Kohlendioxid wird künstliches Methan hergestellt, also der Hauptbestandteil von Erdgas, nur eben emissionsfrei. Mit Hilfe dieses Methans lassen sich Strom und Wärme erzeugen, wobei der Anteil von CO_2 in der Atmosphäre bei der Verbrennung gleich bleibt, weil nur so viel Kohlendioxid wieder frei wird, wie zuvor der Umgebungsluft entnommen wurde.

Was zu schön klingt, um wahr zu sein, funktioniert folgendermaßen: Die Anlage saugt die Umgebungsluft mit Hilfe großer Ventilatoren an und leitet sie in einen Sammelbehälter. Dieser ist mit einem Membranfilter ausgestattet, der eine spezielle Beschichtung trägt. Daran lagert sich das CO_2 an, bzw. es wird »adsorbiert«. Im Verlauf dieses chemischen Prozesses wird das Material immer weiter gesättigt, bis es kein Kohlendioxid mehr aufnehmen kann. Dann wird der Sammelbehälter geschlossen und auf eine Temperatur von rund 100 Grad Celsius aufgeheizt. Das leitet die nächste Phase des Prozesses ein, bei der sich das Kohlendioxid von der Oberfläche des Filtermaterials wieder ablöst. Anschließend wird es abgepumpt und bis zur Weiterverwertung in einem Tank gespeichert. Die DAC-Anlage steht direkt neben den Solarmodulen, die sie mit Strom versorgen.

Ingenieure der Hochschule für Angewandte Wissenschaften (HAW) in Hamburg erproben die Anlage im Rahmen des Projektes *Closed-Carbon-Loop*. Der Name weist schon darauf hin: Der Kohlenstoffkreislauf ist geschlossen.[283] Für das Projekt arbeiten die HAW-Forscher mit dem Schweizer Unternehmen Climeworks zusammen, das auf die direkte Aufnahme von Kohlendioxid aus der Luft spezialisiert ist. Gegründet wurde es 2009 von zwei Maschinenbauingenieuren in Zürich, die das *Direct Air Capture*-Verfahren entwickelt haben.

Doch würden solche »CO_2-Staubsauger« – weltweit eingesetzt – in Zukunft alle Anstrengungen zum Klimaschutz überflüssig machen? Oder sogar als Vorwand missbraucht werden, um gar nicht aus den fossilen Energien aussteigen zu müssen? Hans Schäfers, Professor für intelligente Energiesysteme und Energieeffizienz und Leiter des Projektes, beantwortet die Fragen mit einem entschiedenen Nein: »Die Technik allein ist keine Lösung, um den steigenden Emissionen von Treibhausgasen entgegenzuwirken«, erklärt er. »Wir können nicht einfach so weitermachen wie bisher. Damit Deutschland bis 2045 klimaneutral wird, brauchen wir dringend eine vollständige Energiewende. Mit unserem Projekt schließen wir den Kohlenstoffkreislauf bei der Methannutzung. Das ist schon mal ein erster wichtiger Schritt in Richtung Klimaneutralität.« Aber, das macht er auch klar, ein erster Schritt ist nicht der ganze Weg.

Das durch die DAC-Anlage gewonnene Kohlendioxid zeichnet sich durch einen hohen Reinheitsgrad aus. Deshalb ist es als Rohstoff sehr begehrt, in ganz unterschiedlichen Bereichen. Zum Beispiel als Dünger in der Landwirtschaft, für den Betrieb von Gewächshäusern oder in der Lebensmittel- und Getränkeindustrie, etwa um Kohlensäure für Limonaden herzustellen. Das aus der Luft abgeschiedene Gas kann allerdings auch energetisch genutzt werden – und genau das macht das HAW-Team um Hans Schäfers. Er und seine Mitarbeiter untersuchen, wie sich atmosphärisches Kohlendioxid in Kombination mit anderen Anlagen optimal zur Energieerzeugung nutzen lässt, und zwar, ohne dass weitere Kohlendioxidemissionen entstehen.

Das Technologiezentrum auf dem Energiecampus der HAW Hamburg beherbergt verschiedene Anlagen, um regenerativ Strom und Wärme zu erzeugen und zu speichern: Außer den bereits genannten Solarmodulen (Fotovoltaik) auf dem Dach gibt es im Erdgeschoss einen Elektrolyseur zur Herstellung von Wasserstoff, außerdem eine Methanisierungsanlage, diverse Warmwasserspeicher und einen Batteriespeicher sowie ein Blockheizkraftwerk. Nur etwa einen Kilometer entfernt liegt der Forschungswindpark Curslack, der ebenfalls zum Energiecampus gehört und Ökostrom liefert. Das per DAC-Anlage aus der Luft gefilterte Kohlendioxid gelangt vom Speichertank auf dem Dach ins Erdgeschoss und wird dort mit Wasserstoff in einen Bioreaktor geleitet. Dabei handelt es sich im Wesentlichen um einen wohltemperierten Stahlbehälter, in dem spezielle Mikroorganismen kultiviert werden, sogenannte Archaeen.

Diese – erdgeschichtlich uralte – Gruppe von einzelligen Organismen ist dafür bekannt, dass sie unter extremen Umweltbedingungen lebt. Seien es hohe Temperaturen wie in Thermalquellen, ein hoher Salzgehalt wie im Toten Meer oder ein stark saures Milieu: Wo jedes andere Lebewesen sterben würde, da laufen Archaeen zur Hochform auf. Man nennt sie deshalb auch Extremophile. Einige dieser Spezialisten können nur ohne Sauerstoff existieren (»anaerob«): Für ihren Stoffwechsel nutzen diese einzelligen Organismen Kohlendioxid und Wasserstoff, wobei Methan entsteht. Diese Form der Methanbildung ist also ein natürlicher Prozess, wie er beispielsweise auch in Mooren stattfindet oder im Verdauungstrakt von Wiederkäuern, Termiten – und Menschen. Technisch wird dieser Prozess auch bei der Abwasserbehandlung und in Biogasanlagen genutzt. Oder eben im Bioreaktor des HAW-Technologiezentrums: Dort wird das zuvor aus der Luft abgetrennte Kohlendioxid mit Wasserstoff aus dem Elektrolyseur zu Methan reduziert, wobei als Nebenprodukt noch Wasser entsteht.

Dieses Methan dient bei Bedarf als Brennstoff für das Blockheizkraftwerk am Energiecampus, um Strom und Wärme zu erzeugen, wenn gerade kein Wind weht oder die Sonne nicht scheint. Weil der Kohlenstoffkreislauf geschlossen ist, handelt es sich um erneuerbares Methan. Man produziert also regeneratives Erdgas, ohne fossile Lagerstätten auszubeuten und ohne neuen Kohlenstoff in die Atmosphäre zu bringen, was den Treibhauseffekt verstärken würde. Dieser ist bekanntlich für den Anstieg der globalen Mitteltemperatur, besser bekannt als Erderwärmung, verantwortlich.

So wichtig dieser Schritt zu »Netto-Null«-CO_2-Emissionen ist, so konsequent muss zusätzlich die dauerhafte Abscheidung von Kohlendioxid aus der Atmosphäre erfolgen. Denn auch wenn Deutschland es schafft, Energie bis 2045 klimaneutral zu erzeugen, bleiben noch große Mengen an unvermeidlichen Restemissionen. Dazu gehören Methan und Lachgas aus der Landwirtschaft und von Mülldeponien oder Kohlendioxid aus der Betonherstellung. »Allein in Deutschland summiert sich das auf etwa 60 Millionen Tonnen CO_2-Äquivalente – pro Jahr«, sagt Hans Schäfers. »Um das Speichern von CO_2 kommt man also nicht herum.«

Wie das mit Hilfe der DAC-Technologie gehen kann, wird in einem weiteren Forschungsprojekt am Technologiezentrum untersucht, in Zusammenarbeit mit dem städtischen Energieversorger Gasnetz Hamburg. Dafür wurde eine spezielle Anlage zur Abscheidung von Kohlendioxid entwickelt.

»Am Ende rieselt der Kohlenstoff in fester Form aus der Anlage«, erklärt Projektleiter Schäfers. Man könnte auch sagen: als Ruß. »In der Industrie ist Ruß als *Carbon Black* begehrt, es dient zum Schwarzfärben von Kunststoffen, Lacken, Farben und vielem mehr. Als Ausgangsstoff dient CH_4, also Methan, das sich mit relativ wenig Strom in Kohlenstoff und Wasserstoff zerlegen lässt. Ruß wird normalerweise hergestellt aus einer unvollständigen Verbrennung von Erdöl. Dabei wird viel Kohlendioxid emittiert. Unser Ruß hingegen ist CO_2-negativ, weil wir dafür das Methan aus der Methanisierung nehmen. Denn das C in dem Methan haben wir ja dann vorher als CO_2 aus der Luft geholt.« Hans Schäfers nennt weitere Einsatzgebiete, jenseits des Färbens: »Der Kohlenstoff ist wichtig für den Boden. Wir könnten ihn beispielsweise zur Bodenverbesserung in Brandenburg einsetzen; dort droht der Boden durch den Klimawandel zu versteppen. Die berühmte Terra Preta der Inka ist deshalb so fruchtbar, weil sie einen hohen Gehalt an Kohlenstoff aufweist.«

Und das ist längst nicht alles. Wenn solche Verfahren später einmal im großen Maßstab umgesetzt werden und wir dann wirklich pro Jahr 60 Millionen Tonnen unvermeidbarer Restemissionen allein in Deutschland wieder aus der Atmosphäre holen, dann entstünde ein gewaltiger Berg an reinem Kohlenstoff. Das wären ungefähr 15 Millionen Tonnen, hat der Ingenieur Schäfers ausgerechnet. Wohin damit? Die Antwort ist naheliegend: Sobald wir den technischen und landwirtschaftlichen Bedarf an Kohlenstoff gedeckt haben, kann die Kohle zurück in die Tagebaue und Kohlegruben. »Man könnte auch sagen, wir machen den Prozess des Kohleabbaus rückgängig«, erklärt Hans Schäfers und fügt mit leicht sarkastischem Unterton hinzu: »Wir bringen die Kohle dorthin zurück, wo wir sie hergeholt haben. Dann haben wir sie uns mal 70 bis 80 Jahre ausgeliehen. Und mit viel Glück sind wir dann knapp an der absoluten Klimakatastrophe vorbeigeschrammt. Aber dafür werden wir sehr viel Kohlenstoff zurückholen müssen. Allein 2021 haben wir Menschen etwa 50 Milliarden Tonnen CO_2 emittiert. Das entspricht 12,5 Milliarden Tonnen Kohlenstoff und damit in etwa der Menge Steinkohle, die zwischen 1960 und 1970 in Deutschland abgebaut wurde.«

Viele der Technologien, die in diesem Buch vorgestellt wurden, sind nicht komplett neu. Neu ist aber der Mut und der Ehrgeiz, sie wirklich im großen Maßstab – in Industrieanlagen, Städten, Konzernen – einzusetzen. Allzu lang haben wir gezögert, diese Quellen weiter zu erschließen, bestehende Technologie fortzuentwickeln und zu optimieren und die Chancen zu ergreifen, die eine ökologische und soziale Energiewende uns allen bietet. Nicht nur in Europa, auch für die ärmeren Länder im globalen Süden bedeutet der Einsatz erneuerbarer Energien ökologische und gesellschaftliche Chancen. Praktizierter Klimaschutz, etwa mit Hilfe von Solarkraftwerken, kann die soziale Situation erheblich verbessern. In einigen Ländern, zum Beispiel in der Karibik oder im südlichen Afrika, verringert der Einsatz von Sonnenstrom schon jetzt die Nachfrage nach Brennholz und somit den Druck auf die Natur.

Allerdings: Nur mit neuen Technologien allein schaffen wir die Energiewende auch nicht. Wir müssen Energie einsparen und die Effizienz der Energienutzung verbessern. Wir brauchen mehr Speichermöglichkeiten, wobei Wasserstoff als Medium eine entscheidende Rolle spielt. Und wir brauchen mehr Flexibilität auf Seiten der Verbraucher, sowohl in der Wirtschaft als auch in den Haushalten. Das bedeutet, wann immer möglich die Energie vor allem dann zu nutzen, wenn sie produziert wird.

Damit wir überhaupt vorankommen beim geplanten Ausbau von Sonnen- und Windenergie, müssen auch die Planungs- und Genehmigungsverfahren schneller werden. Das alles ist zwar schwierig, aber wir sollten uns immer wieder vor Augen halten: Grundsätzlich überwiegen bei der Energiewende die Chancen, und sie hat positive Folgen für Umwelt, Gesundheit und Wohlstand. Die Energiewende ist möglich! Wenn wir es nur wollen – und die Politik nun endlich den regulatorischen Rahmen schafft.

Dank

So ein Buch zu schreiben, geht nicht ohne Unterstützung von vielen Menschen, die einem fachlich und menschlich beistehen. Ihnen gilt mein herzlichster Dank, ohne sie hätte ich das alles nicht geschafft!

Ich danke meinem Verlag, der Edition Körber, für das in mich gesetzte Vertrauen, dem Programmleiter Bernd Martin und meiner Lektorin Dr. Kerstin Schulz, deren Kompetenz und mitfühlendes Verständnis gepaart mit unverwüstlichem Humor mich speziell durch die schwierige Endphase getragen haben.

Ich danke allen in diesem Buch genannten Menschen, die mir ihre jeweilige Expertise zu den Kapiteln möglichst allgemeinverständlich vermittelt haben und auch auf unzählige Nachfragen geduldig und engagiert geantwortet haben. Der Dank gilt ausdrücklich auch ihren – im Buch nicht genannten – Mitarbeitern, die mir diese Kontakte vermittelt haben und sehr unterstützend waren.

Und natürlich danke ich meiner Familie, Freunden und Kollegen für den seelischen Beistand und das nimmermüde Interesse an meinen – ja nicht immer einfachen – Themen.

Anmerkungen

1 Siehe z. B. die Geschichte der »Stromrebellen von Schönau«, von der Bürgerinitiative zum Ökostromversorger EWS: https://www.ews-schoenau.de/ews/geschichte/ (aufgerufen am 15.05.2022).

2 Dazu Greenpeace: »Faktencheck Klimabremser« (= https://www.greenpeace.de/publikationen/faktencheck-klimabremser; aufgerufen am 16.05.2022).

3 So die Klimaaktivistin Luisa Neubauer am 01.03.2022 auf ihrem Twitter-Account: https://twitter.com/Luisamneubauer/status/1498644283066355716 (aufgerufen am 08.04.2022).

4 Im Jahr 2018 waren es mehr als 65 Milliarden Euro, schätzt das Umweltbundesamt in einer Veröffentlichung vom 28.10.2021: »Umweltschädliche Subventionen: fast die Hälfte für Straßen- und Flugverkehr« (= https://www.umweltbundesamt.de/presse/pressemitteilungen/umweltschaedliche-subventionen-fast-die-haelfte; aufgerufen am 16.05.2022).

5 Mehr dazu siehe unter anderem hier: https://www.energiezukunft.eu/politik/es-droht-eine-riesige-oekostromluecke/ (aufgerufen am 16.05.2022).

6 Siehe dazu das Commitment vom 07.11.2019: https://norddeutsche-wasserstoffstrategie.de/wp-content/uploads/2020/11/norddt-H2-Strategie-final.pdf (aufgerufen am 16.05.2022). Die nationale Wasserstoffstrategie wurde erst über ein halbes Jahr später festgelegt.

7 So berichtete das *Handelsblatt* am 19.04.2022: https://www.handelsblatt.com/unternehmen/energie/power-to-x-gruener-wasserstoff-ist-zum-ersten-mal-guenstiger-als-wasserstoff-aus-erdgas/28251636.html (aufgerufen am 16.05.2022).

8 Atomkraftwerke über die EU-Taxonomie als »nachhaltig« deklarieren zu wollen, ist ein Beispiel von dreistem Greenwashing, das uns und folgenden Generationen ohne Not große Sicherheitsrisiken aufbürdet. Aus energiepolitischer Sicht ist es obendrein vollkommen unsinnig, weil mehr Atomstrom die Energiewende noch weiter ausbremsen würde, statt sie voranzubringen. Im Zuge des europaweit geplanten Ausbaus von erneuerbaren Energien müsste noch mehr wertvoller Ökostrom abgeregelt werden, als das jetzt schon der Fall ist. Mehr dazu in der im April 2022 veröffentlichten Studie von Energy Brainpool im Auftrag von Green Planet Energy: https://green-planet-energy.de/fileadmin/images/presse/220407_Energy_Brainpool_Kurzstudie_Kernkraft_GPE.pdf (aufgerufen am 17.05.2022).

9 So war zumindest der Stand bei Abschluss der Einleitung im Mai 2022.

10 Siehe dazu die »Kurzstellungnahme: Dringendster Anpassungsbedarf am ›Osterpaket‹ aus Sicht des BEE«. Bundesverband Erneuerbare Energien, 12.05.2022 (= https://www.bee-ev.de/fileadmin/Publikationen/Positionspapiere_Stellungnahmen/20220512_BEEStellungnahme_OsterpaketDringendsterÄnderungsbedarf.pdf; aufgerufen am 16.05.2022).

11 Mehr über das Projekt siehe auf der Website: https://www.windgashaurup.de.

12 Zitiert nach https://www.jules-verne-mobilitaetsaward.de/ (aufgerufen am 07.05.2022).

13 Siehe dazu das »Schlüsselwissen zu Wasserstoff« unter https://www.dwv-info.de/ (aufgerufen am 10.04.2022).

14 Siehe dazu https://www.bdew.de/energie/wasserstoff/ (aufgerufen am 10.04.2022).

15 Ebd.

16 Siehe dazu https://www.bdew.de/energie/wasserstoff/ (Schaubild, H_2-Speicher, bis zu 100 Prozent H_2. i-Symbol anklicken; aufgerufen am 03.06.2022).

17 Siehe zu Aufbau und Funktion von Brennstoffzellen das kompakte Video im Schulportal der Max-Planck-Gesellschaft: https://www.max-wissen.de/max-media/brennstoffzelle-und-elektrolyse-max-planck-cinema/ (aufgerufen am 11.04.2022).

18 Christoph Heinemann und Roman Mendelevitch: »Acht Kriterien für den Import von grünem Wasserstoff: Jetzt die Nachhaltigkeit

sichern!«. Beiträge und Standpunke aus dem Öko-Institut, 14.12.2021 (= https://blog.oeko.de/acht-kriterien-fuer-den-import-von-gruenem-wasserstoff-jetzt-die-nachhaltigkeit-sichern/; aufgerufen am 14.04.2022).

19 Siehe dazu die Bundesregierung über den »Generationenvertrag für das Klima« (= https://www.bundesregierung.de/breg-de/themen/klimaschutz/klimaschutzgesetz-2021-1913672#:~:text=Mit%20der%20%C3%84nderung%20des%20Klimaschutzgesetzes,August%202021%20in%20Kraft%20getreten; aufgerufen am 20.04.2022).

20 »Norddeutsches Reallabor gestartet: BMWi fördert mit mehr als 52 Mio. Euro«. Pressemitteilung des BMWi, 14.04.2021 (= https://www.bmwk.de/Redaktion/DE/Pressemitteilungen/2021/04/20210414-norddeutsches-reallabor-gestartet.html; aufgerufen am 20.04.2022).

21 »Eröffnungsbilanz Klimaschutz« des Bundesministeriums für Wirtschaft und Klimaschutz vom 13.01.2022, PDF, S. 22 (= https://www.bmwk.de/Redaktion/DE/Downloads/Energie/220111_eroeffnungsbilanz_klimaschutz.pdf?__blob=publicationFile&v=22; aufgerufen am 20.04.2022).

22 Siehe dazu: »Mich begeistert die Vielfalt der Projekte – NRL deckt gesamte Energie-Wertschöpfungskette ab«. Interview von Katja Lösch mit Prof. Dr. Werner Beba, 23.02.2022 (= https://www.erneuerbare-energien-hamburg.de/de/news/details/4040.html; aufgerufen am 22.04.2022).

23 Siehe dazu den Artikel »Pionierarbeit im Reallabor« auf der Website des Forschungszentrums Jülich (= https://www.ptj.de/fokusthemen/gruener-wasserstoff/wasserstoff-produzieren; aufgerufen am 09.05.2022).

24 Wie im Flugverkehr selbst die Treibhausgasemissionen gemindert werden sollen, wird Kapitel IV.7 zeigen.

25 Siehe dazu die nach wie vor bestehende Website https://www.new4-0.de/ (aufgerufen am 22.04.2022), die das Projekt ausführlich vorstellt, aber auch darauf hinweist, dass es am 28.02.2021 beendet wurde.

26 Im Rahmen einer Pressereise des Erneuerbare-Energien-Hamburg-Clusters zu den Orten der Energiewende in Norddeutschland.

27 »Nachhaltige Speicherlösung: Aus Wind wird Wasserstoff«. KMW-Unternehmenswebsite (= https://www.kmw-ag.de/anlagen/wind-to-gas-park/; aufgerufen am 22.04.2022).

28 Das sich nun, nach der Investition, KMW Wind to Gas Energy nennt (nicht mehr Wind2Gas Energy).

29 Es handelt sich um eine Edelstahl-Abgasleitung, über die Abgase des örtlichen Blockheizkraftwerks in die Atmosphäre abgegeben werden. Siehe https://www.vbhelgoland.de/technik/abgasturm/ (aufgerufen am 23.04.2022).

30 Zu Angaben zum Projekt siehe die Website des AquaVentus Förderverein e. V. https://www.aquaventus.org (aufgerufen am 23.04.2022). Mit Jimmie Langham, der die Geschäftsführung ab 2022 abgegeben hat, habe ich im November 2021 gesprochen.

31 Ein »exemplarisches AKW hat eine elektrische Leistung von rund 1000 Megawatt« bzw. ein Gigawatt. Siehe dazu: »Zu teuer und gefährlich: Atomkraft ist keine Option für eine klimafreundliche Energieversorgung«. DIW Wochenbericht 30/2019 von Ben Wealer, Simon Bauer u. a. (= https://www.diw.de/de/diw_01.c.670481.de/ publikationen/wochenberichte/2019_30_1/zu_teuer_und_ gefaehrlich__atomkraft_ist_keine_option_fuer_eine_klima- freundliche_energieversorgung.html?s=09; aufgerufen am 01.05.2022).

32 Singers Amtszeit endet aller Voraussicht nach Ende 2022, siehe »Bürgermeisterwahl: Jörg Singer tritt nicht an«. Hamburger Abendblatt, 27.01.2022 (= https://www.abendblatt.de/region/ pinneberg/article234421691/Buergermeisterwahl-auf-Helgoland- Joerg-Singer-tritt-nicht-an.html; aufgerufen am 23.04.2022). Unsere Gespräche fanden im Dezember 2021 statt.

33 Etwa 60 Kilometer vom Festland entfernt liegt Helgoland innerhalb der 200-Seemeilen-Zone. Die hohe See im juristischen Sinne beginnt jenseits dieser Grenze.

34 Siehe dazu https://www.helgoland.de/so-ist-helgoland/geschichte/ und den NDR-Beitrag von Dirk Hempel: »Im Tausch gegen Kolonien: Helgoland wird deutsch« (= https://www.ndr.de/geschichte/ schauplaetze/1-Juli-1890-Helgoland-wird-deutsch,helgolandvertrag 100.html; beides aufgerufen am 23.04.2022).

35 Zu den Zahlen siehe https://www.helgoland.de/so-ist-helgoland/ helgoland-zum-ersten-mal/ (aufgerufen am 23.04.2022).

36 Siehe dazu die Erklärung auf der Website des Bundesministeriums für Wirtschaft und Klimaschutz: https://www.bmwi-energiewende. de/EWD/Redaktion/Newsletter/2016/18/Meldung/direkt-erklaert.html (aufgerufen am 23.04.2022).

37 Siehe unter »Aqua Primus« auf der Webseite der Initiative: https://
www.aquaventus.org; aufgerufen am 01.05.2022.

38 Die voraussichtliche Ortsangabe wurde auf Nachfrage bestätigt von
Benita Stalmann, Sprecherin der AquaVentus-Initiative, per Mail
vom 06.01.2022.

39 Die im Video von AquaVentus genannte Zahl von 3500 Tonnen
Wasserstoff (Minute 1:09) stimmt nicht. Das teilte mir die
Sprecherin von AquaVentus, Benita Stalmann, per Mail am
06.01.2022 mit.

40 »45 Meter Tiefgang: Testzentrum für maritime Technologien
nimmt Forschungsareal in der Nordsee vor Helgoland in Betrieb«.
Pressemitteilung des Fraunhofer IFAM vom 24.04.2020 (= https://
www.ifam.fraunhofer.de/de/Presse/Archiv/2020/tonnenauslegung-
helgoland.html; aufgerufen am 23.04.2022).

41 Siehe dazu detailliert den Artikel »Heißt die Lösung für das Treib-
stoffproblem LOHC?« vom 20.04.2018 (= https://www.ingenieur.de/
technik/forschung/heisst-die-loesung-fuer-das-treibstoffproblem-
lohc/; aufgerufen am 23.04.2022).

42 Näher erläutert im Blogbeitrag »Wasserstoff speichern mit LOHC«
vom 05.01.2021 (= https://futurefuels.blog/in-der-praxis/wasserstoff-
speichern-mit-lohc/; aufgerufen am 23.04.2022).

43 Erläutert u. a. hier: http://www.lohc-kraftwerk.de/start/ (aufgerufen
am 23.04.2022).

44 Eine Übersicht gibt das Bundesministerium für Bildung und
Forschung: https://www.wasserstoff-leitprojekte.de/leitprojekte
(aufgerufen am 23.04.2022).

45 Die Zentimeterangabe stammt von Christoph Tewis (Mail vom
08.01.2022).

46 Dazu läuft derzeit ein Projekt unter dem Namen GET-H2, in dem
es um die Ertüchtigung von Erdgasleitungen für den Transport von
Wasserstoff geht.

47 Siehe das Video »Die AquaVentus-Vision« auf der Webseite der
Initiative: https://www.aquaventus.org/ (aufgerufen am 24.04.2022).

48 Stand Januar 2022.

49 Siehe die Konzepte auf der Webseite des Projektes: https://
northseawindpowerhub.eu/key-concepts (aufgerufen am
01.05.2022).

50 Dazu die Pressemitteilung der Agora Energiewende vom 08.10.2021:
»Neue Marke ›Agora Industrie‹ treibt die Industrietransformation

voran« (= https://www.agora-energiewende.de/presse/
pressemitteilungen/neue-marke-agora-industrie-treibt-die-
industrietransformation-voran/; aufgerufen am 11.05.2022).

51 »Industrie voll auf Klimakurs« von Florence Schulz. Tagesspiegel
Background, Klima & Energie, 22.10.2021.

52 Das bedeutet z. B., dass unvermeidliche Restemissionen bilanziell
ausgeglichen werden müssen, etwa durch den Kauf von Zertifikaten.
National und global lassen sich die CO_2-Emissionen durch den Aufbau natürlicher Senken, wie naturnahe Wälder, Wiedervernässung
von Mooren, Schutz bzw. Ausweitung von Seegraswiesen reduzieren. Siehe dazu auch: https://www.helmholtz-klima.de/aktuelles/
unser-kohlenstoffbudget-schrumpft (aufgerufen am 11.05.2022).

53 Meldung auf der BDI-Website vom 20.10.2021 (= https://bdi.eu/
themenfelder/energie-und-klima/klimapfade/; aufgerufen am
11.05.2022).

54 »Deutschland braucht jetzt einen großen Aufbruch«. Pressemitteilung des BDI vom 21.10.2021 (= https://bdi.eu/themenfelder/
energie-und-klima/klimapfade/#/artikel/news/deutschland-braucht-
jetzt-einen-grossen-aufbruch/; aufgerufen am 11.05.2022).

55 Ebd.

56 Das Gespräch habe ich schon im Herbst 2018 geführt, aber an der
Tatsache, dass Windräder auf dem Meer grundsätzlich auf viel mehr
Volllast-Stunden als bei uns im Binnenland kommen, ändert sich
nichts.

57 Siehe dazu z. B. das Bundesumweltministerium: https://www.bmuv.
de/pressemitteilung/oekologische-forschung-begleitet-den-einstieg-
in-die-offshore-windenergienutzung/. Und ferner die TU Berlin:
https://www.umweltpruefung.tu-berlin.de/v_menue/research/
completed_projects/oekologische_begleitforschung_zur_
windenergie_nutzung_im_offshore_bereich_der_nord_und_
ostsee_teilprojekt_instrumente_des_umwelt_und_
naturschutzes_strategische_umweltpruefung_umweltvertraeglich-
keitspruefung_und_flora_fauna_habitat_vertraeglichkei/parameter/
en/font5/minhilfe/ (beide aufgerufen am 11.05.2022).

58 »›Energiewende‹: gemeinsame Sache von Naturschutzverbänden
und Netzbetreibern«. Artikel auf der Website des Wattenrates,
bereits vom 08.12.2011 (= https://www.wattenrat.de/2011/12/08/
energiewende-gemeinsame-sache-von-naturschutzverbanden-und-
netzbetreibern/; aufgerufen am 11.05.2022).

59 Zu den Vorschlägen siehe im Detail das »Thesenpapier zum naturverträglichen Ausbau der Windenergie« vom 30.02.2020 (= https://www.nabu.de/imperia/md/content/nabude/energie/wind/200130-thesenpapier-windenergieausbau.pdf; aufgerufen am 11.05.2022).

60 Dazu das »Überblickspapier Osterpaket« vom 06.04.2022 (= https://www.bmwk.de/Redaktion/DE/Downloads/Energie/0406_ueberblickspapier_osterpaket.html) und die Pressemitteilung vom gleichen Datum: »Habeck: ›Das Osterpaket ist der Beschleuniger für die erneuerbaren Energien‹« (= https://www.bmwk.de/Redaktion/DE/Pressemitteilungen/2022/04/20220406-habeck-das-osterpaket-ist-der-beschleuniger-fur-die-erneuerbaren-energien.html; beide aufgerufen am 11.05.2022).

61 »Wir treiben einen Keil zwischen Klima- und Naturschutz«. Kim Detloff im Gespräch mit Sandra Pfister. Deutschlandfunk, 27.01.2022 (= https://www.deutschlandfunk.de/kim-detloff-meerersschutz-versus-energiewende-100.html; aufgerufen am 30.04.2022).

62 Ebd. siehe auch: »Greenpeace im Interview: ›Die Meere befinden sich in einer historischen Krise‹«. Interview mit Thilo Maack von Nico Barbat. Oekotest, 15.01.2021 (= https://www.oekotest.de/freizeit-technik/Greenpeace-im-Interview-Die-Meere-befinden-sich-in-einer-historischen-Krise_11441_1.html; aufgerufen am 30.04.2022).

63 Dazu am 04.05.2022 das Redaktionsnetzwerk Deutschland: »Leben über dem Limit, Erdüberlastungstag: Deutschland hat Ressourcen für 2022 verbraucht« (= https://www.rnd.de/wissen/erdueberlastungstag-2022-seit-heute-hat-deutschland-die-natuerlichen-ressourcen-fuer-das-laufende-NDIRJKBEQL22YQ3GXTUG2H2SZU.html; aufgerufen am 11.05.2022).

64 Ebd.

65 »Fakten zur Stahlindustrie in Deutschland«. Hrsg. von der Wirtschaftsvereinigung Stahl. Berlin, 2020 (= https://www.stahl-online.de/wp-content/uploads/WV-Stahl_Fakten-2020_rz_neu_Web1.pdf; aufgerufen am 27.04.2022).

66 Siehe dazu https://www.hydrogen.thyssenkrupp.com (aufgerufen am 27.04.2022).

67 Siehe oben: »Fakten zur Stahlindustrie in Deutschland«.

68 »Wie die europäische Stahl-, Zement- und Chemieindustrie CO_2-frei wird«. Artikel vom 21.04.2021 (= https://www.agora-energiewende.de/presse/neuigkeiten-archiv/wie-die-europaeische-stahl-zement-

und-chemieindustrie-co2-frei-wird-vollversion-veroeffentlicht/; aufgerufen am 10.05.2022).

69 »Fakten zur Stahlindustrie in Deutschland«. Geringe Restemissionen sind unvermeidbar. Sie entstehen durch Elektroden-Abbrand und die Schäumkohle für den Elektrolichtbogenofen; siehe dazu Anm. 65.

70 Die Angaben zu ArcelorMittal beruhen auf einer Betriebsführung im Oktober 2020 sowie dem Pressematerial des Unternehmens (siehe auch deren Webseite https://hamburg.arcelormittal.com; aufgerufen am 27.04.2022). Teile dieses Berichts wurden bereits veröffentlicht.

71 Als Element ist Eisen selbstverständlich ein Metall. Da es aber in der Natur vor allem in chemischen Verbindungen (als Eisenerz, Eisenoxid etc.) vorkommt, wird das ausgeschmolzene – chemisch dann immer noch nicht reine – Eisen als metallisches Eisen bezeichnet.

72 Die Zahlen stammen aus einer Präsentation für die Presse im Herbst 2020.

73 Zu Zahlen aus dem April 2022 siehe https://www.stahl-online.de/stahl-online-news/studie-zur-emissionsfreien-stahlerzeugung/ (aufgerufen am 10.05.2022).

74 Siehe dazu auch die Informationen des BMWI: https://www.bmwi-energiewende.de/EWD/Redaktion/Newsletter/2020/12/Meldung/direkt-erklaert.html (aufgerufen am 27.04.2022).

75 Siehe dazu die Pressemeldung »Grüner Wasserstoff für grünen Stahl aus Duisburg: STEAG und thyssenkrupp planen gemeinsames Wasserstoffprojekt« vom 03.12.2020 auf der Unternehmenswebsite (= https://www.thyssenkrupp.com/de/newsroom/pressemeldungen/pressedetailseite/gruner-wasserstoff-fur-grunen-stahl-aus-duisburg--steag-und-thyssenkrupp-planen-gemeinsames-wasserstoffprojekt-91318; aufgerufen am 27.04.2022).

76 Unter dem Titel »Thyssenkrupp Steel und Steag vereinbaren Wasserstofflieferung ab 2025« berichtet auch die *ZfK – Zeitung für kommunale Wirtschaft* am 21.03.2022 über diesen Deal (= https://www.zfk.de/energie/gas/thyssenkrupp-steel-und-steag-vereinbaren-wasserstofflieferung-ab-2025; aufgerufen am 27.04.2022).

77 Interview mit Prof. Dr. Heinz Jörg Fuhrmann, Salzgitter AG – DWV Monatspromi August 2020. https://event.webinarjam.com/register/118/o82omh9z (Video unter https://www.youtube.com/watch?v=xeOu9MIQnsI). Siehe dazu auch: https://www.kfw.de/

stories/umwelt/erneuerbare-energien/salzgitter-ag/ (alle aufgerufen am 10.05.2022).

78   Siehe oben: Interview mit Prof. Dr. Heinz Jörg Fuhrmann, Salzgitter AG.

79   Dazu die Unternehmenswebsite, u. a. auch mit einleuchtenden Grafiken zur grünen Stahlproduktion: https://salcos.salzgitter-ag.com/de/salcos.html (aufgerufen am 27.04.2022).

80   Dazu die ausführliche Information der Bundesregierung unter https://www.bmwk.de/Redaktion/DE/Publikationen/Klimaschutz/klimaschutzvertraege-bekanntmachung-des-interessenbekundungs-verfahrens.pdf?__blob=publicationFile&v=10 (aufgerufen am 10.05.2022).

81   Dazu die Pressemitteilung »Neue Marke ›Agora Industrie‹ treibt die Industrietransformation voran« des Thinktanks Agora Energiewende vom 08.10.2021 (= https://www.agora-energiewende.de/presse/pressemitteilungen/neue-marke-agora-industrie-treibt-die-industrietransformation-voran/; aufgerufen am 27.04.2022).

82   Die Rede von Robert Habeck findet sich online unter https://www.bmwk.de/Redaktion/DE/Reden/2022/20220111-habeck-rede-eroeffnungsbilanz-klimaschutz.html (aufgerufen am 10.05.2022).

83   Zitiert nach der Pressemitteilung der Wirtschaftsvereinigung Stahl vom 11.01.2022: »Klimaschutzsofortprogramm ist wichtiges Signal für die Transformation der Stahlindustrie in Deutschland« (= https://www.stahl-online.de/medieninformationen/klimaschutz-sofortprogramm-ist-wichtiges-signal-fuer-die-transformation-der-stahlindustrie-in-deutschland/; aufgerufen am 27.04.2022).

84   Jahreswirtschaftsbericht 2022. Für eine Sozial-ökologische Markt-wirtschaft – Transformation innovativ gestalten. Hrsg. vom Bundesministerium für Wirtschaft und Klimaschutz (BMWK). Januar 2022. S. 28 (= https://www.bmwk.de/Redaktion/DE/Publikationen/Wirtschaft/jahreswirtschaftsbericht-2022.pdf?__blob=publicationFile&v=10; aufgerufen am 27.04.2022).

85   Ebd., S. 29.

86   Siehe Pressemitteilung des BMWK »Habeck zu Antrittsbesuch in Brüssel« vom 25.01.2022 (= https://www.bmwk.de/Redaktion/DE/Pressemitteilungen/2022/01/20220125-habeck-zu-antrittsbesuch-in-brussel.html; aufgerufen am 27.04.2022).

87   Ich habe das Werk am 22.08.2019 für einen Bericht über ein neues Projekt besucht (die Inbetriebnahme der Power-to-Steam-Anlage,

siehe später hier im Text). Alle Angaben für dieses Kapitel stammen, sofern nicht anders angegeben, aus persönlichen Gesprächen mit den zitierten Personen, coronabedingt per Videokonferenz oder Telefonat. Nachfragen wurden per Mail geklärt.

88 Siehe dazu z. B. die Website des Deutschen Kupferinstituts: https://www.kupferinstitut.de/kupferwerkstoffe/ (aufgerufen am 28.04.2022).

89 Zitiert nach einem persönlichen Gespräch. Siehe dazu die Pressemitteilung vom 27.05.2022 auf der Unternehmenswebsite »Aurubis: Erste Kupferanoden mit Wasserstoff produziert« (= https://www.aurubis.com/medien/pressemitteilungen/pressemitteilungen-2021/Aurubis–Erste-Kupferanoden-mit-Wasserstoff-produziert0; aufgerufen am 28.04.2022).

90 Ebd.

91 Siehe Aurubis-Factsheet »Wir sind energieintensiv – zugleich aber extrem energieeffizient« vom Juli 2021 (= file:///C:/Users/schulz/Downloads/210727_as_publikationen_factsheet_energie_klima_DE.pdf; aufgerufen am 09.05.2022).

92 Die Rede vom 28.05.2021 findet sich auf Tschentschers Website: https://peter-tschentscher.de/reden-videos/aktuelles/news/klimaschutzgesetz/28/05/2021/ (aufgerufen am 28.04.2022).

93 Siehe dazu den Imagefilm »Industriewärme – ein Klimabündnis von Aurubis und enercity« vom 13.03.2019 (= https://www.youtube.com/watch?v=GTaT3ewf2q0; aufgerufen am 28.04.2022).

94 Siehe die Pressemitteilung »Aurubis und enercity starten größte Industriewärmeversorgung Deutschlands« vom 29.10.2018 (= https://aurubis.com/medien/pressemitteilungen/pressemitteilungen-2018/Aurubis-und-enercity-starten-gr-te-Industriew-rmeversorgung-Deutschlands; aufgerufen am 09.05.2022).

95 Siehe die Aurubis-Pressemitteilung vom 09.12.2021: »Aurubis AG und Wärme Hamburg GmbH bauen größte Industriewärmeversorgung Deutschlands weiter aus« (= https://www.aurubis.com/medien/pressemitteilungen/pressemitteilungen-2021/aurubis-ag-und-waerme-hamburg-gmbh-bauen-groesste-industriewaerme-versorgung-deutschlands-weiter-aus; aufgerufen am 20.04.2022). Mehr zu diesem Thema auch in Kapitel V.

96 Ebd.

97 Dazu die Pressemitteilung der Aurubis vom 22.08.2019: »Dampf machen für die Energiewende: Aurubis weiht neue Power-to-Steam-

Anlage ein« (= https://www.aurubis.com/medien/pressemitteilungen/
pressemitteilungen-2019/Dampf-machen-f-r-die-Energiewende-
-Aurubis-weiht-neue-Power-to-Steam-Anlage-ein; aufgerufen am
29.04.2022). Siehe zu NEW 4.0 auch Kapitel II.2.

98   Stand 2019. Die Zahl nannte Werner Beba in seiner Rede zur
Inbetriebnahme der Power-to-Steam-Anlage. Siehe auch »Aurubis
wandelt jetzt Strom in wichtigen Wasserdampf um«. Artikel von
Wolfgang Horch. Hamburger Abendblatt, 22.08.2019 (= https://www.
abendblatt.de/wirtschaft/article226852837/Aurubis-Power-to-Steam-
Hamburg-Anlage-Einweihung-Kerstan-Strom-Wasserdampf-Umwand-
lung-Erneuerbare-Energien-Kupfer.html; aufgerufen am 09.05.2022).

99   Anfang des Jahrtausends gehörte ich zu den ersten Journalisten,
die über dieses Phänomen berichteten. Siehe Monika Rößiger:
»Wo die Wölfe rübermachen«. Frankfurter Allgemeine Sonntags-
zeitung vom 17.03.2002 (im Online-Archiv recherchierbar). Rund
ein Jahrzehnt später auch der NABU in seinem Online-Artikel
»Wolfsparadies Truppenübungsplatz« (= https://www.nabu.de/tiere-
und-pflanzen/saeugetiere/wolf/wissen/15465.html#:~:text=Der%20
erste%20deutsche%20Wolfsnachwuchs%20seit,%2FLehnin%2C%20
J%C3%BCterbog%20und%20Lieberose; aufgerufen am 29.04.2022).

100 Mehr dazu im Kapitel IV.1 und 2.

101 Zitiert nach der Pressemitteilung vom 11.05.2021 auf der Firmenwebsite: »Minister Christian Pegel drückt den Startknopf für den
ersten Wasserstoffbus in Mecklenburg-Vorpommern« (= https://www.
apex-group.de/de/media-content/pressemitteilungen/?id=55d1e596-
ccc7-4ab8-b089-e4871f70c078; aufgerufen am 01.05.2022).

102 Siehe zu den aktuellen Zahlen: https://h2.live/tankstellen/
(aufgerufen am 01.05.2022).

103 Gaby Limbach, Apex-Pressesprecherin, bei einem Telefonat am
22.12.2021.

104 Dazu die Pressemitteilung vom Januar 2021 auf der Firmenwebsite
»Rhodius Gruppe unterzeichnet Mietvertrag in klimaneutralen
Industriepark in Rostock-Laage« (= https://www.rhodius.com/de/
news/rhodius-gruppe-unterzeichnet-mietvertrag-als-ankermieter-
in-klimaneutralen-industriepark-in-rostock-laage; aufgerufen am
01.05.2022).

105 »Dank Fernwärme aus Wasserstoff: BMW-Zulieferer ›Rhodius‹ baut
in Laage statt in Bayern«. Ostsee-Zeitung, 10.12.2021 (= https://www.
ostsee-zeitung.de/lokales/rostock/dank-fernwaerme-aus-wasserstoff-

bmw-zulieferer-rhodius-baut-in-laage-statt-in-bayern-TF2D5TR5RA-
DOC574EIV7HQJMV4.html; aufgerufen am 01.05.2022).

106 Siehe dazu https://norddeutschewasserstoffstrategie.de (aufgerufen
     am 01.05.2022).

107 Die Unternehmenswebsite zitiert einen Artikel der *Schweriner
     Volkszeitung*/Margitta True, siehe https://www.rhodius.com/de/news/
     offizieller-spatenstich-mit-ministerpräsidentin-schwesig (aufgerufen
     am 10.05.2022).

108 Zitiert nach der Pressemitteilung des Unternehmens vom
     11.11.2021: »APEX für ›Wasserstoffinnovation des Jahres‹ aus-
     gezeichnet« (= https://www.apex-group.de/de/media-content/
     pressemitteilungen/?id=86b4bc25-ca80-47ff-bfea-776e3690a676;
     aufgerufen am 01.05.2022).

109 Siehe das Städte- und Industriebündnis unter https://www.
     wasserstoff-rheinland.de (aufgerufen am 10.05.2022).

110 Andreas Lohse: ›Thyssenkrupp installiert 88-Megawatt-Wasser-
     elektrolyse für Hydro-Québec in Kanada«. Power-to-X, 25.01.2021
     (= https://power-to-x.de/thyssenkrupp-installiert-88-megawatt-
     wasserelektrolyse-fuer-hydro-quebec-in-kanada/; aufgerufen am
     01.05.2022).

111 Näheres darüber auf der Website des Bundesministeriums für
     Wirtschaft und Klimaschutz: https://www.bmwk.de/Redaktion/DE/
     FAQ/IPCEI/02-faq-ipcei.html (aufgerufen am 01.05.2022).

112 Zum aktuellen Stand siehe https://www.doinghydrogen.com/
     (aufgerufen am 01.05.2022).

113 Vorgestellt unter https://www.gasnetz-hamburg.de/fuer-die-zukunft/
     wasserstoff/hh-win (aufgerufen am 10.05.2022).

114 Ebd.

115 »Hamburgs Industrie auf Wasserstoff vorbereiten«. Pressemitteilung
     zur gemeinsamen Online-Pressekonferenz am 08.12.2020
     (= https://www.gasnetz-hamburg.de/ueber-gasnetz-hamburg/presse/
     pressemitteilungen/hh-win; aufgerufen am 02.05.2022).

116 Siehe dazu »Hamburg und das grüne Öl« von Carolin George.
     Welt.de, 22.03.2021 (= https://www.welt.de/regionales/hamburg/
     article228875569/Wasserstoff-Hamburg-und-das-gruene-Oel.html)
     sowie die Pressemitteilung von Gasnetz Hamburg vom 31.03.2021:
     »Großes Interesse aus der Großindustrie an HH-WIN« (= https://
     www.gasnetz-hamburg.de/ueber-gasnetz-hamburg/presse/
     pressemitteilungen/hh-win-2021; beide aufgerufen am 02.05.2022).

117 Telefonische Auskunft im April 2021.

118 Siehe dazu auch detailliert die Kapitel II und V.

119 »Wasserstoff-Fernleitungen: Gasnetz Hamburg begrüßt Planung der Vereinigung FNB Gas«. Pressemitteilung von Gasnetz Hamburg, 22.09.2021 (= https://www.gasnetz-hamburg.de/ueber-gasnetz-hamburg/presse/pressemitteilungen/wasserstoff-fernleitungen-fnb; aufgerufen am 02.05.2022).

120 Ein Teil des Kapitels wurde in einer früheren Version bereits 2021 veröffentlicht.

121 Prof. Beba, HAW Hamburg und Koordinator des Norddeutschen Reallabors für Wasserstoff, im persönlichen Gespräch (siehe Kapitel II.1).

122 »Quartalsbericht Netz- und Systemsicherheit – Gesamtes Jahr 2020«. Hrsg. von der Bundesnetzagentur, S. 7 (= https://www.bundesnetz-agentur.de/SharedDocs/Mediathek/Berichte/2020/Quartalszahlen_Gesamtjahr_2020.pdf?__blob=publicationFile&v=3; aufgerufen am 02.05.2022).

123 »E.ON plant den Aufbau eines Wasserstoff-Netzes für das Ruhrgebiet«. Presseportal, 25.10.2021 (= https://www.presseportal.de/pm/108695/5055535). Das ist eine bemerkenswerte Aussage für eine Chemikerin, die jahrelang für Atomenergie und gegen erneuerbare Energien war. Siehe dazu »CDU-Politikerin für neue Atomkraftwerke«. Frankfurter Rundschau, 08.02.2009 (= https://www.fr.de/politik/cdu-politikerin-neue-atomkraftwerke-11525887.html; beide aufgerufen am 02.05.2022).

124 Zitiert nach der Pressemitteilung Anm. 123.

125 Hierzu insgesamt auf der Eon-Website: »H2.Ruhr – Teil der CEO-Alliance. Starthilfe für die grüne Wasserstoffwirtschaft in Europa« (= https://www.eon.com/de/c/h2-ruhr.html; aufgerufen am 02.05.2022).

126 DWV-Mitteilungen Mitgliederzeitung des Deutschen Wasserstoff-und Brennstoffzellen-Verbandes e.V., Januar 2022, S. 27.

127 »8. Sektorgutachten Energie (2021): ›Wettbewerbschancen bei Strombörsen, E-Ladesäulen und Wasserstoff nutzen‹«. Sektorgutachten der Monopolkommission vom 01.09.2021 (= https://www.monopolkommission.de/index.php/de/pressemitteilungen/366-energie-2021.html; aufgerufen am 10.05.2022).

128 Siehe: https://www.umweltbundesamt.de/themen/verkehr-laerm/klimaschutz-im-verkehr#ziele (aufgerufen am 05.03.2022).

129 Horst Fehrenbach und Silvana Bürck: CO_2-Opportunitätskosten von Biokraftstoffen in Deutschland. Forschungsbericht. Heidelberg, 2022. S. 31 (= https://www.ifeu.de/fileadmin/uploads/pdf/ CO2_Opportunit%C3%A4tskosten_Biokraftstoffe_1602022__002_.pdf; aufgerufen am 06.03.2022).

130 »Klimaziel im Verkehr: Zusätzliche fünf Millionen Verbrenner müssen durch E-Autos ersetzt werden«. Greenpeace-Pressemitteilung, 28.01.2022 (= https://presseportal.greenpeace.de/209359-klimaziel-im-verkehr-zusatzliche-funf-millionen-verbrenner-mussen-durch-e-autos-ersetzt-werden; aufgerufen am 06.03.2022).

131 Harald Kipke: Porträt von Jakob Arnold. *Tagesspiegel Background*, Verkehr & Smart Mobility, 28.02.2022 (= https://background.tagesspiegel.de/mobilitaet/harald-kipke; aufgerufen am 07.03.2022).

132 Thomas Peckruhn, Vizepräsident des Zentralverbandes Deutsches Kraftfahrzeuggewerbe (ZDK), am 17.02.2022 auf der Jahrespressekonferenz. Siehe unter https://www.deutsche-handwerks-zeitung.de/ schwierige-zeiten-fuer-verkaeufer-von-e-autos-224743/ (aufgerufen am 10.05.2022).

133 »Klimaschutz im Verkehr – Nutzfahrzeuge mit alternativen Antrieben«. Online-Artikel des Bundesministeriums für Digitales und Verkehr vom 27.10.2021 (= https://www.bmvi.de/SharedDocs/DE/ Artikel/G/Klimaschutz-im-Verkehr/klimaschutz-nutzfahrzeuge-mit-alternativen-antrieben.html; aufgerufen am 08.03.2022).

134 Ebd.

135 So postuliert es die Startseite der Initiative www.klimafreundliche-nutzfahrzeuge.de (aufgerufen am 08.03.2022).

136 Zitiert nach »Ein Kreislauf für erneuerbaren Wasserstoff für den Schwerverkehr«. Video vom 07.01.2021 anlässlich der Preisverleihung Watt d'Or 2021 (= https://www.youtube.com/ watch?v=3YJCK2IrfWg; aufgerufen am 08.03.2022).

137 Die technischen Daten beruhen auf Herstellerangaben: hyundai-hm. com/unser-truck/ (aufgerufen am 09.03.2022).

138 »Hyundai Motors liefert erste XCIENT Fuel Cell Trucks in der Schweiz aus und kündet die Expansion auf globalen Märkten an«. Unternehmensnews vom 07.10.2021 (= https://hyundai-hm. com/2020/10/07/hyundai-motors-liefert-die-ersten-xcient-fuel-cell-trucks-in-der-schweiz-aus-und-kuendet-die-expansion-auf-die-globalen-nutzfahrzeugmaerkte-an/; aufgerufen am 09.03.2022).

139 »Hyundai XCIENT Fuel Cell Trucks erreichen die Marke von einer

Million Kilometer – ohne CO_2-Emissionen!« Unternehmensnews vom 05.07.2021 (= https://hyundai-hm.com/2021/07/05/hyundai-xcient-fuel-cell-trucks-erreichen-die-marke-von-einer-million-kilometer-ohne-co2-emissionen/; aufgerufen am 09.03.2022).

140 Stand: Anfang Februar 2022.

141 Lena Bökamp: »Wasserstoff-Lkw fahren bald für deutschen LEH«. *Lebensmittel-Zeitung*, 09.12.2021 (= https://www.lebensmittelzeitung.net/tech-logistik/nachrichten/von-hyundai-wasserstoff-lkw-fahren-bald-fuer-deutschen-leh-162847?crefresh=1; aufgerufen am 09.03.2022).

142 »Daimler und Volvo bekennen sich zur wasserstoffbasierten Brennstoffzelle«. *IWR Online*, 29.04.2021 (= https://www.iwr.de/news/daimler-und-volvo-bekennen-sich-zur-wasserstoffbasierten-brennstoffzelle-news37384; aufgerufen am 09.03.2022).

143 Stand Anfang 2022. Den aktuellen Stand siehe auf der Website von H2-Mobility Deutschland: www.h2-mobility.de (aufgerufen am 10.05.2022).

144 »Wasserstofftankstellen für Nutzfahrzeuge erhalten Förderung«. Meldung e-mobil BW, 19.10.2021 (= https://www.e-mobilbw.de/service/meldungen-detail/wasserstofftankstellen-fuer-nutzfahrzeuge-erhalten-foerderung; aufgerufen am 11.05.2022).

145 Siehe https://h2-mobility.de/unternehmen/ (aufgerufen am 10.05.2022).

146 Siehe Twitter-Account von Herbert Diess vom 18.05.2021: »Das Wasserstoff-Auto ist nachgewiesen NICHT die Klimalösung.« Großschreibung im Original.

147 »Volkswagen arbeitet weiter an der Brennstoffzelle – das beweist ein still und leise veröffentlichtes Patent«. Artikel von Elias Holdenried für *Business Insider*, 19.02.2022 (= https://www.businessinsider.de/wirtschaft/mobility/volkswagen-arbeitet-weiter-an-der-brennstoffzelle-das-beweist-ein-patent-b/; aufgerufen am 10.05.2022).

148 »Digitale Revolution im Güterverkehr: Testzug startet zu Fahrt durch Europa«. Pressemitteilung des Bundesministeriums für Digitales und Verkehr, 19.01.2022 (= https://www.bmvi.de/SharedDocs/DE/Pressemitteilungen/2022/005-digitale-revolution-im-gueterverkehr.html; aufgerufen am 09.02.2022).

149 Ebd.

150 »FlixMobility, Freudenberg und ZF entwickeln Europas ersten wasserstoffbetriebenen Fernbus«. Unternehmensnews, 21.10.2021 (= https://corporate.flixbus.com/de/flixmobility-freudenberg-und-

zf-entwickeln-europas-ersten-wasserstoffbetriebenen-fernbus/; aufgerufen am 09.03.2022).

151 DB Medienpaket »Alternative Antriebe und Kraftstoffe« (= https:// www.deutschebahn.com/de/presse/suche_Medienpakete/Nach-haltigkeit/Alternative-Antriebe-und-Kraftstoffe; aufgerufen am 09.03.2022).

152 Im Rahmen einer Pressereise seitens des EEHH-Clusters Hamburg am 19.08.2021.

153 Stand August 2021.

154 Fraunhofer ISI, Öko-Institut, ifeu: »Alternative Antriebe und Kraftstoffe im Straßengüterverkehr. Handlungsempfehlungen für Deutschland«. Karlsruhe, Berlin, Heidelberg, Oktober 2018 (= https://publica.fraunhofer.de/eprints/urn_nbn_de_0011-n-5183722. pdf; aufgerufen am 10.03.2022).

155 Dirk Graszt im Gespräch.

156 Siehe z. B. den Beitrag »Klimaschutz im Verkehr, Nutzfahrzeuge mit alternativen Antrieben« des BMVI vom 27.10.2021 (= https://www. bmvi.de/DE/Themen/Mobilitaet/Klimaschutz-im-Verkehr/Nutzfahr-zeuge-mit-alternativen-Antrieben/nutzfahrzeuge-mit-alternativen-antrieben.html; aufgerufen am 10.03.2022).

157 »Wasserstoffbusse im Nationalpark Unteres Odertal unterwegs«. Zeit Online, 29.07.2021 (= https://www.zeit.de/zustimmung?url=https%3A %2F%2Fwww.zeit.de%2Fnews%2F2021-07%2F29%2Fwasserstoffbusse-im-nationalpark-unteres-odertal-unterwegs; aufgerufen am 10.03.2022).

158 »Deutsche Bahn verabschiedet sich vom Diesel«. Unternehmensnews vom 07.02.2022 (= https://gruen.deutschebahn.com/de/news/diesel-ausstieg; aufgerufen am 19.03.2022).

159 Ebd.

160 Siehe z. B. »Batteriezug im Test zwischen Stuttgart und Horb«. SWR Aktuell, 24.01.2022 (= https://www.swr.de/swraktuell/baden-wuerttemberg/stuttgart/deutsche-bahn-testet-batteriezug-zwischen-stuttgart-und-horb-100.html; aufgerufen am 19.03.2022).

161 »Alstom und Deutsche Bahn testen deutschlandweit ersten Batteriezug im Fahrgastbetrieb«. Pressemitteilung vom 21.01.2022 (= https://www.deutschebahn.com/de/presse/pressestart_zentrales_uebersicht/Alstom-und-Deutsche-Bahn-testen-deutschlandweit-ersten-Batteriezug-im-Fahrgastbetrieb-7202046; aufgerufen am 19.03.2022).

162 Ebd.

163 »Auf dem Weg zu einer sauberen, zukunftsorientierten Mobilität«. Alstom Unternehmenswebsite (= https://www.alstom.com/de/our-solutions/rolling-stock/coradia-ilint-der-weltweit-erste-wasserstoff-zug) und z. B. »Coradia iLint: Alstoms Wasserstoff-Züge starten im Elbe-Weser-Netz in den Fahrgastbetrieb«, 16.09.2022 (= https:// bahnblogstelle.com/51234/coradia-ilint-alstoms-wasserstoff-zuege-starten-im-elbe-weser-netz-in-den-fahrgastbetrieb/; alle aufgerufen am 19.03.2022).

164 »Europäische Bahnindustrie ehrt Wasserstoffzüge der Landesnah-verkehrsgesellschaft«, Pressemitteilung vom 25.01.2021, https:// www.lnvg.de/lnvg/pressemitteilungen/artikel/europaeische-bahn-industrie-ehrt-wasserstoffzuege-der-landesnahverkehrsgesellschaft-sperrfrist-2512021-1530-uhr (aufgerufen am 11.05.2022).

165 Nach Auskunft eines Alstom-Unternehmenssprechers, per Telefon am 10.02.2022

166 Ebd.

167 »Startschuss für die erste Wasserstofftankstelle für Passagierzüge in Hessen«. Pressemitteilung des Rhein-Main-Verkehrsverbundes vom 26.10.2020 (= https://www.rmv.de/c/fileadmin/documents/ PDFs/_RMV_DE/Presse/Pressemitteilungen_2020/201026_ Startschuss_f%C3%BCr_die_erste_Wasserstofftankstelle_f%C3%BCr_ Passagierz%C3%BCge_in_Hessen.pdf; aufgerufen am 20.03.2022).

168 Website von Hydrogen Alstom: »World's First Hydrogen Passenger Train is Already a Reality«.

169 »Fahrt mit Alstoms Brennstoffzellenzug«. Bericht auf golem.de vom 20.04.2018 (= https://video.golem.de/wissenschaft/20980/fahrt-mit-dem-alstoms-brennstoffzellenzug-bericht.html; aufgerufen am 20.03.2022).

170 Nach Auskunft eines Alstom-Unternehmenssprechers, per Telefon am 10.02.2022.

171 Siehe dazu die Unternehmenswebsite: https://www.neb. de/wasserstoffzug/#:~:text=Aus%20dem%20Wasserstoff%20 wird%20direkt,Grund%20ihres%20Elektroantriebs%20 %C3%A4u%C3%9Ferst%20ger%C3%A4uscharm (aufgerufen am 20.03.2022).

172 Zitiert nach https://gruen.deutschebahn.com/de/massnahmen/ wasserstoff (aufgerufen am 20.03.2022).

173 »Deutsche Bahn und Siemens starten ins Wasserstoff-Zeitalter«.

Gemeinsame Pressemitteilung von DB und Siemens vom 23.11.2020 (= https://www.deutschebahn.com/de/presse/pressestart_zentrales_uebersicht/Deutsche-Bahn-und-Siemens-starten-ins-Wasserstoff-Zeitalter-6868270; aufgerufen am 21.03.2022).

174 »Neuer Wasserstoffzug und Speichertrailer vorgestellt«. DB-News vom 05.05.2022: https://gruen.deutschebahn.com/de/news/deutsche-bahn-siemens-praesentieren-wasserstoffzug (aufgerufen am 11.05.2022).

175 Siehe die Unternehmenswebsite: https://www.mobility.siemens.com/global/de/portfolio/schiene/storys/der-mireo-plus-h-umweltfreundlich-fahren-ohne-emissionen.html (aufgerufen am 21.03.2022).

176 Dazu die Unternehmenswebsite: https://www.mobility.siemens.com/global/de/portfolio/schiene/fahrzeuge/commuter-und-regionalzuege/hybride-antriebssysteme.html (aufgerufen am 12.05.2022).

177 https://gruen.deutschebahn.com/de/massnahmen/wasserstoff/h2goesrail (aufgerufen am 12.05.2022).

178 Siehe die Website des Ministeriums: https://www.bmvi.de/SharedDocs/DE/Artikel/E/starke-schiene/starke-schiene-ueberblick.html?https=1 (aufgerufen am 21.03.2022).

179 Dieses Kapitel spiegelt den Stand vor Kriegsbeginn. Bekanntermaßen setzt die Bundesregierung aufgrund des russischen Überfalls auf die Ukraine nun doch auf Fracking-Gas, zumindest für eine Übergangszeit.

180 »Für eine nachhaltige Schifffahrt. TU Hamburg und DLR forschen gemeinsam an innovativen, maritimen Energiesystemen«. Pressemitteilung der Technischen Universität Hamburg, 11.02.2022 (= https://intranet.tuhh.de/presse/pressemitteilung_einzeln.php?id=13875&Lang=en; aufgerufen am 11.03.2022).

181 Wirtschaftssenator Westhagemann auf der Online-Pressekonferenz »Der Norden bekommt ein Wasserstofftechnologiezentrum für Luft- und Schifffahrt – Erfolg für gemeinsames Konzept aus Bremen / Bremerhaven, Hamburg und Stade«, am 02.09.2021, ausgerichtet von seinem eigenen Haus, der Behörde für Wirtschaft und Innovation in Hamburg.

182 »Wir brauchen eine neue Wertschöpfung im Hafen«. Interview mit Michael Westhagemann von Olaf Preuß. *Welt am Sonntag*, 25.01.2022 (= https://www.welt.de/regionales/hamburg/article236428963/Wirtschaft-Wir-brauchen-eine-neue-Wertschoepfung-im-Hamburger-Hafen.html; aufgerufen am 11.03.2022).

183 Um vom russischen Erdgas unabhängig zu werden, wird der Plan nun doch realisiert. Dennoch hält der Konzern auch an seinen Wasserstoff-Projekten fest. Siehe z. B. die Meldung vom 11.04.2022, https://www.uniper.energy/news/de/uniper-erprobt-speicherung-von-wasserstoff-im-erdgasspeicher-krummhoern (aufgerufen am 12.05.2022).

184 Siehe dazu detaillierter »Wilhelmshaven kann Drehkreuz für deutsche und europäische Wasserstoffwirtschaft werden«. Pressemitteilung der OGE, 07.07.2021 (= https://oge.net/de/pressemitteilungen/2021/wilhelmshaven-kann-drehkreuz-fur-deutsche-und-europaische-wasserstoffwirtschaft-werden) sowie die Meldung der Clean Energy Partnership vom selben Tag: https://cleanenergypartnership.de/mehrere-wasserstoff-projekte-starten-in-wilhelmshaven; »Mehrere Wasserstoff-Projekte starten in Wilhelmshaven«, 07.07.2021 (aufgerufen am 11.03.2022).

185 »Investoren planen Wasserstoff-Großprojekt in Wilhelmshaven«. *Welt Online* nach einer dpa-Meldung, 22.01.2022 (= https://www.welt.de/regionales/niedersachsen/article236404385/Investoren-planen-Wasserstoff-Grossprojekt-in-Wilhelmshaven.html; aufgerufen am 11.03.2022).

186 Dazu Martin Jendrischik: »Energiepark Wilhelmshaven: Erneuerbares Methan statt amerikanisches Fracking-Gas«. Cleanthinking.de, 23.01.2022 (= https://www.cleanthinking.de/energiepark-wilhelmshaven-erneuerbares-methan-statt-amerikanisches-fracking-gas/; aufgerufen am 11.03.2022).

187 Siehe »Investoren planen Wasserstoff-Großprojekt in Wilhelmshaven«. *Welt Online*, 23.01.2022 (= https://www.welt.de/regionales/niedersachsen/article236414973/Investoren-planen-Wasserstoff-Grossprojekt-in-Wilhelmshaven.html) und NDR am 24.01.2022: »Wilhelmshaven: Baubeginn für große Wasserstoff-Fabrik 2023?« (= https://www.ndr.de/nachrichten/niedersachsen/oldenburg_ostfriesland/Wilhelmshaven-Baubeginn-fuer-grosse-Wasserstoff-Fabrik-2023,wasserstoff336.html; beide aufgerufen am 13.03.2022).

188 »Investoren planen Wasserstoff-Großprojekt in Wilhelmshaven«. *Welt am Sonntag*, 23.01.2022 (= https://www.welt.de/regionales/niedersachsen/article236414973/Investoren-planen-Wasserstoff-Grossprojekt-in-Wilhelmshaven.html).

189 Webinar »Wasserstoff-Anwendungen« vom Forschungsverbund

Hamburg am 11.11.2021. Referent: Lucas Sens, Institut für Umwelt-technik und Energiewirtschaft, Technische Hochschule HH.

190 Der Anbieter mission-hydrogen.de bietet z. B. kostenlose Webinare an.

191 Siehe HHLA-Website (= https://hhla.de/magazin/die-digitalisierte-transportkette) und die Pressemitteilung »Export sichert Wohlstand« vom 16.02.2022. »HHLA übertrifft Umsatz- und Ergebniserwartung für das Jahr 2021«. Pressemitteilung vom 16.02.2022 (= https://hhla.de/unternehmen/news/detailansicht/hhla-uebertrifft-umsatz-und-ergebniserwartung-fuer-das-jahr-2021; beide aufgerufen am 13.03.2022).

192 »Vortänzer im Hafenballett«. Magazin der HHLA vom 24.09.2019 (= https://hhla.de/magazin/vortaenzer-im-hafenballett; aufgerufen am 13.03.2022).

193 Ebd.

194 Siehe HHLA-Pressemitteilung vom 10.02.2022: »Metrans bringt mit erstem E-Truck grüne Transformation in Ungarn voran«, https://hhla.de/unternehmen/news/detailansicht/metrans-bringt-mit-erstem-e-truck-die-gruene-transformation-in-ungarn-voran (aufgerufen am 11.05.2022).

195 Hier folgt jetzt der Stand bis zur russischen Invasion in die Ukraine.

196 OGE-Pressemitteilung vom 05.05.2021: https://oge.net/de/pressemitteilungen/2021/h2eu-store-gruener-wasserstoff-fuer-europa (aufgerufen am 11.05.2022).

197 Siehe dazu »Baerbock will Wasserstoff statt Waffen«. Artikel in der *FAZ* von Johannes Leithäuser vom 17.01.2022 (= https://www.faz.net/aktuell/politik/ausland/annalena-baerbock-in-der-ukraine-wasser-stoff-diplomatie-in-kiew-17736066.html; aufgerufen am 11.05.2022).

198 »RAG Austria: Kooperation für grünen Wasserstoff aus der Ukraine«. Meldung vom 05.05.2021 (= https://www.energate-messenger.de/news/211940/rag-austria-kooperation-fuer-gruenen-wasserstoff-aus-der-ukraine; aufgerufen am 11.05.2022).

199 Um eine möglichst hohe volumetrische Dichte zu erreichen, wird Wasserstoff bei 300 bar und einer Temperatur von 38 Kelvin (also −235,15 Grad Celsius) gespeichert. Siehe Website der Universität Augsburg: »Kryo-komprimierter Wasserstoff – CcH_2« (= https://www.uni-augsburg.de/de/forschung/einrichtungen/institute/amu/wasser-stoff-forschung-h2-unia/h2lab/h2-sp/physikalische-speicherung/cch2/; aufgerufen am 18.03.2022).

200 Der Vor-Ort-Termin fand, wie gesagt, am 16.02.2022, wenige Tage vor
dem russischen Angriff auf die Ukraine, statt. Der ändert nicht alles,
aber viel. Deshalb hier ein Nachtrag, unmittelbar am 24.02.2022
geschrieben. Der Angriff des Kreml-Herrschers auf die Ukraine ruft
weltweit Empörung und Entsetzen hervor. Die HHLA betreibt seit
2001 einen Terminal in der ukrainischen Hafenstadt Odessa. Auf
diesem Schwarzmeer-Terminal, in der Nähe der Halbinsel Krim
gelegen, arbeiten 480 Menschen für die HHLA. Angela Titzrath, die
Vorstandsvorsitzende der HHLA, wandte sich heute an die Öffentlichkeit, um über die aktuelle Lage zu informieren: »Die letzten
Mitarbeiter haben heute Morgen den Hafen verlassen. Zuvor haben
sie noch zwei Schiffe verlässlich abgefertigt, die den Hafen danach
verlassen konnten.« Der Hafen wurde kurz darauf von den ukrainischen Behörden geschlossen.

Aufgrund des seit heute geltenden Kriegsrechts in der Ukraine,
so Titzrath, sei damit zu rechnen, dass auch Beschäftigte der
HHLA zum Militärdienst verpflichtet werden. Da bleibe nur die
Hoffnung, dass sie ihren Dienst durch den Weiterbetrieb der
Hafenanlage ableisten können. Dieser sei als Teil der kritischen
Infrastruktur essenziell für die Versorgung mit Gütern des täglichen Bedarfs, wie etwa Getreide. Das Unternehmen sei in großer
Sorge um die Mitarbeiter. Damit sie sich in der Not zumindest mit
lebensnotwendigen Waren bevorraten könnten, zahle der Hamburger Hafenkonzern einen Monatslohn im Voraus aus. Die HHLA
habe sich seit Anfang der 2000er Jahre in der Ukraine engagiert,
»im Vertrauen auf die Schlussakte Helsinki« und andere Vereinba-
rungen nach Ende des Kalten Krieges. Rund 170 Millionen Dollar
wurden seitdem in den Containerterminal im Hafen von Odessa
investiert. »Dies war auch ein Beitrag, um Frieden und Wohlstand
in Europa zu sichern.«

Was nun aus möglichen Wasserstoffprojekten wird – der HHLA,
der anderen Unternehmen, der Bundesregierung und der Europäischen Union –, ist damit offen. Wie auch das Schicksal der Menschen in der Ukraine.

201 »CO$_2$-neutral auf der Nordsee«. Pressemitteilung des AWI vom
08.06.2021 (= https://www.awi.de/ueber-uns/service/presse/presse-
detailansicht/co2-neutral-auf-der-nordsee.html; aufgerufen am
05.05.2022).

202 Ebd.

Das Kohlendioxid der Kläranlage stammt ja aus dem oberirdischen Kreislauf und nicht aus fossilen Quellen. Es wird nur so viel CO_2 wieder freigesetzt, wie vorher organisch gebunden wurde.

204 »Wichtiger Auftrag für den weltweit größten Dual-Fuel-Methanolmotor«. MAN-Pressemitteilung vom 25.08.2021 (= https://www.manes.com/de/unternehmen/pressemitteilungen/press-details/2021/08/25/wichtiger-auftrag-fuer-den-weltweit-groeßten-dual-fuel-methanolmotor; aufgerufen am 05.05.2022).

205 »A. P. Moller – Maersk accelerates fleet decarbonisation with 8 large ocean-going vessels to operate on carbon neutral methanol«. Pressemitteilung des Unternehmens vom 24.08.2021 (= https://www.maersk.com/news/articles/2021/08/24/maersk-accelerates-fleet-decarbonisation; übersetzt von M. Rößiger, aufgerufen am 05.05.2022).

206 »Containerreedereien: Internationale Regeln zum Klimaschutz«. dpa-Meldung vom 10.02.2022, zitiert nach: https://www.zeit.de/news/2022-02/10/containerreedereien-internationale-regeln-zum-klimaschutz?utm_referrer=https%3A%2F%2Fwww.ecosia.org (aufgerufen am 06.05.2022).

207 Ebd.

208 »Werftindustrie: Weltorganisation ›auf Schleichfahrt‹«. dpa-Meldung vom 29.11.2021. Auch dies zitiert nach dem dpa-Feed der ZEIT (= https://www.zeit.de/news/2021-11/29/werftindustrie-weltorganisation-auf-schleichfahrt?utm_referrer=https%3A%2F%2Fwww.ecosia.org; aufgerufen am 06.05.2022).

209 FAQ-Liste des Umweltbundesamtes vom 06.09.2019 (= https://www.umweltbundesamt.de/service/uba-fragen/wie-viele-schiffe-sind-weltweit-auf-den-meeren; aufgerufen am 06.05.2022).

210 »Chart of the Month – Dezember 2021« des VSM (= https://www.vsm.de/de/die-branche/zahlen-und-fakten-0; aufgerufen am 05.05.2022).

211 Ebd.

212 Siehe dazu den Artikel »Seefahrt« vom 12.11.2021 auf der Website des Umweltbundesamtes (= https://www.umweltbundesamt.de/themen/wasser/gewaesser/meere/nutzung-belastungen/schifffahrt#fakten-zur-seeschifffahrt-und-zu-ihren-auswirkungen-auf-die-umwelt; aufgerufen am 06.05.2022).

213 Telefongespräch am 17.03.2022.

214 »Barge sails on hydrogen between Rotterdam and Antwerp from next year«. Artikel auf energynews.biz von Nedim Husomanovic vom 09.12.2021 (= https://energynews.biz/barge-sails-on-hydrogen-

between-rotterdam-and-antwerp-from-next-year/; aufgerufen am 06.05.2022).

215 »World's first hydrogen-powered ferry in Norway to run on green gas from Germany« von Bernd Radowitz für das Portal Recharge am 09.03.2021 (= https://www.rechargenews.com/technology/ worlds-first-hydrogen-powered-ferry-in-norway-to-run-on-green-gas- from-germany/2-1-976939; übers. von M. Rößiger; aufgerufen am 06.05.2022).

216 »ELEKTRA – emissionsfrei auf dem Wasser«. Pressemitteilung der TU Berlin vom 30.10.2019 (= https://www.tu-berlin.de/?209591; aufgerufen am 06.05.2022).

217 »Im Berliner Westhafen ist heute die ELEKTRA eingelaufen!«. Pressemitteilung der BEHALA vom 08.12.2021 (= https://www. behala.de/wp-content/uploads/2021/12/PM-Einlaufen_WHF_Elektra- 08122021_BEHALA.pdf; aufgerufen am 06.05.2022).

218 Zu Finanzierung, Laufzeiten etc. siehe die Website des Projekt- trägers und Forschungszentrums Jülich: https://www.ptj.de/nip (aufgerufen am 06.05.2022).

219 Siehe dort den Artikel »Untersuchung und Entwicklung eines dezentralen Energienetzwerkes und eines hybriden Energiesys- tems mit einer neuen Generation von Hochtemperatur (HT)-PEM Brennstoffzellen für den Einsatz auf Hochsee-Passagierschiffen« (= https://www.now-gmbh.de/projektfinder/pa-x-ell2/; aufgerufen am 06.05.2022).

220 Siehe dazu die Präsentation auf der Freudenberg-Website: https:// www.fst.com/de/fuel-cell/maerkte/schifffahrt/ (aufgerufen am 06.05.2022).

221 Dazu die Meldung auf der Firmenwebsite: »Schiff der Meyer Werft: AIDAnova erhält erste Brennstoffzellen« vom 10.10.2019 (= https://besucherzentrum-meyerwerft.de/2019/10/10/schiff-der- meyer-werft-aidanova-erhaelt-erste-brennstoffzellen/; aufgerufen am 06.05.2022).

222 So die Antwort auf eine E-Mail-Anfrage an Freudenberg Sealing Technologies vom 18.03.2022.

223 Zu sehen im Video über die *AIDAnova* auf der Firmenwebsite: https://www.fst.com/de/fuel-cell/maerkte/schifffahrt/.

224 dpa-Meldung über welt.de vom 05.01.2022: »Maritime Koordinatorin will klimaneutrale Schifffahrt vorantreiben« (= https://www.welt.de/ regionales/hamburg/article236061766/Gruene-Maritime-

Koordinatorin-will-klimaneutrale-Schifffahrt-vorantreiben.html; aufgerufen am 06.05.2022).

225 Ebd.

226 »Das Corona-Dilemma der deutschen Schiffbauer« von Dennis Kazooba. *Tagesspiegel Background*, Verkehr & Smart Mobility, 12.01.2022.

227 Ebd.

228 »Klimaschutz als Chance«. *Welt*-Interview mit Claus Brandt von Olaf Preuß vom 11.03.2022 (= https://www.welt.de/regionales/hamburg/article237448091/Schiffbau-Klimaschutz-als-Chance.html; aufgerufen am 06.05.2022).

229 *Tagesspiegel Background*, Verkehr, 12.01.2022.

230 »Anteil am CO_2-Ausstoß weltweit nach Verkehrsträger«, von Martin Kords, 27.04.2022 (= https://de.statista.com/statistik/daten/studie/317683/umfrage/verkehrsttraeger-anteil-co2-emissionen-fossile-brennstoffe/; aufgerufen am 11.05.2022).

231 »Neue Studie zeigt: Der globale Luftverkehr trägt 3,5 Prozent zur Klimaerwärmung bei«. Meldung des Deutschen Zentrums für Luft- und Raumfahrt (= https://www.dlr.de/content/de/artikel/news/2020/03/20200903_der-globale-luftverkehr-traegt-3-5-prozent-zur-klimaerwaermung-bei.html; aufgerufen am 06.05.2022).

232 Zu den nicht nur ästhetisch durchaus beeindruckenden Modellen und zur Einordnung dieses Entwicklungsprozesses siehe z. B. die Vorstellung auf der Airbus-Unternehmenswebsite (= https://www.airbus.com/en/newsroom/stories/2020-11-imagine-travelling-in-this-blended-wing-body-aircraft), aber auch die Artikel »Die Suche nach dem besseren Flugzeug« von Stefan Eiselin im *aeroTelegraph* vom 13.02.2020 (= https://www.aerotelegraph.com/blended-wing-body-die-suche-nach-dem-besseren-flugzeug) oder »Warum auch Airbus am Blended Wing Body forscht« von Ulrike Ebner in der *Flugrevue* am 09.08.2020 (= https://www.flugrevue.de/warum-auch-airbus-am-blended-wing-body-forscht/; alle aufgerufen am 06.05.2022).

233 »Airbus setzt auf Wasserstoff: Marktreifes Flugzeug bis 2035«. dpa-Meldung vom 06.01.2021, zitiert nach https://www.sueddeutsche.de/wirtschaft/luftverkehr-hamburg-airbus-setzt-auf-wasserstoff-marktreifes-flugzeug-bis-2035-dpa.urn-newsml-dpa-com-20090101-210106-99-912695 (aufgerufen am 06.05.2022).

234 Siehe den Artikel »Zero-carbon emission flights to anywhere in the

world possible with just one stop« auf der Website des Aerospace Technology Institute (= https://www.ati.org.uk/news/one-stop-zero-carbon-emission-global-flight/; aufgerufen am 07.05.2022).

235 »Zero Emission Aviation – Emissionsfreies Fliegen. White Paper der Deutschen Luftfahrtforschung«. Hrsg. vom Deutschen Zentrum für Luft- und Raumfahrt. Köln, 2020 (= https://www.dlr.de/content/de/downloads/2020/white-paper-zero-emission-aviation.pdf?__blob=publicationFile&v=6#:~:text=Die%20Vision%20f%C3%BCr%20die%20Zukunft,Boden%2D%20betrieb%20keine%20Schadstoffe%20emittiert; aufgerufen am 07.05.2022).

236 Ebd., S. 10.

237 »Deutschland auf Kurs zum klimaneutralen Fliegen«. Meldung des DLR vom 14.10.2020 (= https://www.dlr.de/content/de/artikel/news/2020/04/20201014_deutschland-auf-kurs-zum-klimaneutralen-fliegen; aufgerufen am 07.05.2022).

238 »H2FLY-Chef Josef Kallo zeigt Wasserstoff-Flieger HY4 auf der AERO«. Bericht von Daniel Bönnighausen auf electrive.net vom 04.05.2022 (= https://www.electrive.net/2022/05/04/h2fly-chef-josef-kallo-zeigt-wasserstoff-flieger-hy4-auf-der-aero/; aufgerufen am 07.05.2022).

239 »H2FLY und Deutsche Aircraft bündeln ihre Kräfte, um wasserstoff-angetriebenes Fliegen voranzutreiben«. Gemeinsame Pressemitteilung der Unternehmen vom 06.07.2021 (= https://www.h2fly.de/_files/ugd/403201_7b4ce357554c439e9df6992c76c4da76.pdf; aufgerufen am 07.05.2022).

240 »Wasserstofftechnik: FHWS entwickelt mit Industriepartnern ein Brennstoffzellensystem für die Luftfahrt«. Pressemitteilung der Hochschule für angewandte Wissenschaften Würzburg-Schweinfurt FHWS vom 08.07.2021 (= https://www.fhws.de/service/news-presse/pressearchiv/thema/wasserstofftechnik-fhws-entwickelt-mit-industriepartnern-ein-brennstoffzellensystem-fuer-die-luftfah/).

241 »Vom Reagenzglas zum Barrel – Lufthansa investiert in erstes industriell hergestelltes CO_2-neutrales, strombasiertes Kerosin made in Germany«. Meldung auf der Unternehmenswebsite vom 04.10.2021 (= https://www.lufthansagroup.com/de/newsroom/meldungen/vom-reagenzglas-zum-barrel-lufthansa-investiert-in-erstes-industriell-hergestelltes-co2-neutrales-strombasiertes-kerosin-made-in-germany.html; aufgerufen am 07.05.2022).

242 Ebd.

243 »atmosfair Eröffnung – die weltweit erste Power-to-Liquid E-Kerosin-

Anlage, Werlte, Norddeutschland«. Video von atmosfair zur Eröffnung, ab Min. 31:20 (= https://www.youtube.com/watch?v=0Oye2mLHjWQ&t=1688s; aufgerufen am 07.05.2022).

244 »atmosfair weiht weltweit erste Anlage zur Produktion von CO_2-neutralem synthetischen Kerosin im Emsland ein«. Pressemitteilung vom 04.10.2021 (= https://fairfuel.atmosfair.de/wp-content/uploads/2021/10/PM_E-Kerosin_DE.pdf; aufgerufen am 07.05.2022).

245 Siehe dazu die Erläuterung auf der Unternehmenswebsite: https://fairfuel.atmosfair.de/de/der-atmosfair-fairfuel-standard/ (aufgerufen am 12.05.2022).

246 Siehe oben »Vom Reagenzglas zum Barrel – Lufthansa investiert ...«, Anmerk. 241.

247 Der Endenergieverbrauch ist das, was die verschiedenen Bereiche Industrie, Haushalte, Gewerbe, Handel, Dienstleistungen und Verkehr verbrauchen. Mehr dazu siehe z. B. unter https://umwelt-indikatoren.nrw.de/klima-energie-effizienz/primaer-und-endenergie-verbrauch (aufgerufen am 12.05.2022).

248 »Erfolgreiche Wärmewende gestalten«. Pressemitteilung vom 02.02.2022 zur Veröffentlichung der Roadmap Tiefe Geothermie für Deutschland. Hrsg. von Rolf Bracke, Fraunhofer-Einrichtung für Energieinfrastrukturen und Geothermie (IEG), und Ernst Huenges, Helmholtz-Zentrum Potsdam Deutsches GeoForschungsZentrum (GFZ) (= https://www.ieg.fraunhofer.de/de/presse/pressemitteilungen/2022/erfolgreiche-waermewende-gestalten.html; dort auch der Link zur Roadmap; aufgerufen am 03.05.2022).

249 Siehe den Artikel »Effiziente Gebäude« des BMWK (= https://www.bmwk.de/Redaktion/DE/Dossier/energiewende-im-gebaeudebereich.html; aufgerufen am 03.05.2022).

250 Zitiert nach: https://www.bdew.de/presse/presseinformationen/zahl-der-woche-mehr-als-die-haelfte-aller-wohnungen-in-deutschland/ (aufgerufen am 03.05.2022).

251 Siehe die Pressemappe »Wärmewende« (= https://www.bdew.de/presse/pressemappen/waermewende/). Und »Zahl der Woche/Mehr als die Hälfte aller Wohnungen sind vor dem Jahr 1970 erbaut worden« vom 17.11.2021 (https://www.bdew.de/presse/presseinformationen/zahl-der-woche-mehr-als-die-haelfte-aller-wohnungen-in-deutschland/; beide aufgerufen am 12.05.2022).

252 Ebd.

253 »Wärmewende gegen Erdgasabhängigkeit«. Stellungnahme der

Scientists for Future vom 17.03.2022 (= https://de.scientists4future. org/waermewende-gegen-erdgasabhaengigkeit/; aufgerufen am 03.05.2022).

254 Über dieses Projekt habe ich schon einmal im Sommer 2021 berichtet.

255 Mehr über das europäische Leuchtturmprojekt unter https://www. mysmartlife.eu/mysmartlife/ (aufgerufen am 03.05.2022).

256 Siehe https://www.erdgas.info/energie/erdgas/erdgas-umstellung-h-gas/ (aufgerufen am 03.05.2022). Dort wird allerdings auch darauf hingewiesen, dass das ergiebigere, weil methanhaltigere H-Gas vor allem aus Großbritannien, Norwegen und eben Russland stammt – was unter den aktuellen politischen Umständen natürlich zusätzlich heikel ist.

257 Pressemappe Wärmewende BDEW, Stand Sept. 2021.

258 DVGW Deutscher Verein des Gas- und Wasserfachs e. V. (Hrsg.): H$_2$ vor Ort. Wasserstoff über die Gasverteilnetze für alle nutzbar machen. Bonn, 2020. S. 9 (= https://www.dvgw.de/medien/dvgw/ leistungen/publikationen/h2vorort-wasserstoff-gasverteilnetz-dvgw-broschuere.pdf; aufgerufen am 03.05.2022).

259 Ebd., S. 12.

260 Siehe dazu die Website https://www.energiewendebauen.de/themen/ klimaneutrale-waerme (aufgerufen am 03.05.2022), die über die Forschungszentrum Jülich GmbH betrieben und vom BMWK unterstützt wird.

261 https://de.scientists4future.org/waermewende-gegen-erdgasabhaengigkeit/ (siehe oben, Anmerk. 253).

262 »Auch in Bestandsgebäuden funktionieren Wärmepumpen zuverlässig und sind klimafreundlich – Feldtest des Fraunhofer ISE abgeschlossen«. Pressemitteilung des Fraunhofer ISE vom 27.07.2020 (= https://www.ise.fraunhofer.de/de/presse-und-medien/ presseinformationen/2020/warmepumpen-funktionieren-auch-in-bestandsgebaeuden-zuverlaessig.html; aufgerufen am 04.05.2022).

263 »Vollständig erneuerbare Gebäudewärme bis 2035 machbar«. Pressemitteilung des Wuppertal Instituts vom 02.03.2022 (= https:// wupperinst.org/a/wi/a/s/ad/7658; aufgerufen am 04.05.2022).

264 Ebd.

265 Vertreter dieser Haltung sprechen auch von einer »all electric society«. Siehe dazu z. B. den Meinungsbeitrag von Gunther Kegel: »Klimaneutralität durch die All-Electric-Society«. *Tagesspiegel Back-*

ground, 25.02.2021 (= https://background.tagesspiegel.de/energie-klima/klimaneutralitaet-durch-die-all-electric-society; aufgerufen am 04.05.2022).

266 »Marktentwicklung Wärmemarkt 2021 Januar bis Dezember«. Hrsg. vom Bundesverband der Deutschen Heizungsindustrie e. V. (= https://www.bdh-industrie.de/fileadmin/user_upload/Pressemeldungen/Marktentwicklung_Waermemarkt_Deutschland_2021.pdf; aufgerufen am 04.05.2022).

267 Mit Prof. Schäfers habe ich im März 2022 gesprochen.

268 Siehe dazu die Zahlen im Abschnitt »Deutschland gehört zu Europas Schlusslichtern« auf der Website der Wirtschaftsprüfungsgesellschaft PricewaterhouseCoopers (= https://www.pwc.de/de/energiewirtschaft/die-deutsche-heizungsbranche.html; aufgerufen am 04.05.2022).

269 »Standpunkt«-Beitrag von Christian Stolte. *Tagesspiegel Background*, 12.01.2022 (= https://background.tagesspiegel.de/energie-klima/christian-stolte; aufgerufen am 04.05.2022).

270 Siehe dazu die Ratgeberseite »Serielles Sanieren nach dem Energiesprong-Prinzip« vom 25.03.2020 (= https://www.energie-experten.org/bauen-und-sanieren/altbausanierung/haus-sanieren/serielles-sanieren; aufgerufen am 04.05.2022).

271 Siehe oben: »Erfolgreiche Wärmewende gestalten«, Anm. 248.

272 Dazu der Artikel »Geothermie« auf der Website des Fraunhofer Instituts: https://www.fraunhofer.de/de/forschung/aktuelles-aus-der-forschung/wir-haben-die-energie/geothermie.html (aufgerufen am 05.05.2022).

273 »Vollständig erneuerbare Gebäudewärme bis 2035 machbar«. Pressemitteilung des Wuppertal Instituts vom 02.03.2022 (= https://wupperinst.org/a/wi/a/s/ad/7658; aufgerufen am 05.05.2022).

274 Eine Übersicht dazu gibt das geowissenschaftliche Portal für Baden-Württemberg unter https://lgrbwissen.lgrb-bw.de/geothermie/oberflaechennahe-geothermie/erdwaermesonden/ews-schadensfaelle/schadensfall-staufen (aufgerufen am 05.05.2022).

275 »Die Zukunft liegt unter der Erde«. Kommentar von Martin Mühlfenzl. *Süddeutsche Zeitung*, 08.03.2022 (= https://www.sueddeutsche.de/muenchen/landkreismuenchen/landkreis-muenchen-geothermie-fernwaerme-1.5543696; aufgerufen am 05.05.2022).

276 »Wie München bis 2035 klimaneutral wird«. Bericht des Öko-

Instituts e. V., 26.11.2021 (= https://www.oeko.de/presse/archiv-pressemeldungen/presse-detailseite/2021/wie-muenchen-bis-2035-klimaneutral-wird; aufgerufen am 05.05.2022).

277 Eine Projektvorstellung findet sich z. B. auf der Website der HAW: https://www.haw-hamburg.de/forschung/forschungsprojekte-detail/project/project/show/smart-heat-grid-hamburg-1/ (aufgerufen am 05.05.2022).

278 Dazu die Pressemitteilung des BMWK vom 11.08.2020: »Startschuss für das nächste Reallabor der Energiewende: Integrierte Wärme-Wende Wilhelmsburg IW³ (= https://www.bmwi.de/Redaktion/DE/Pressemitteilungen/2020/20200811-startschuss-fuer-naechstes-reallabor-der-energiewende.html; aufgerufen am 05.05.2022).

279 Siehe die Projektvorstellung unter https://www.hamburgwatercycle.de/das-quartier-jenfelder-au sowie https://www.hamburgwatercycle.de/downloads/presse/pressearchiv (beide aufgerufen am 15.05.2022).

280 Dieser Bericht erschien bereits im August 2019 und wurde für das Buch aktualisiert.

281 Die Zitate stammen von der Inbetriebnahme des HWC im Juni 2019; siehe dazu auch https://www.umweltwirtschaft.com/news/wasser-und-abwasserbehandlung/Hamburg-Wasser-Hamburg-Water-Cycle-in-Betrieb-genommen-13803 (aufgerufen am 15.05.2022).

282 Eine Übersicht sowohl über die wissenschaftlichen Partner als auch über die öffentliche Finanzierungsbeteiligung findet sich auf der Projektwebsite: https://www.hamburgwatercycle.de/foerderung-forschung (aufgerufen am 08.05.2022).

283 Die Angaben zum Projekt stammen aus einem Gespräch mit Hans Schäfers, Professor für intelligente Energiesysteme und Energieeffizienz an der HAW, im Herbst 2021. Eine frühere Version dieses Themas wurde schon mal veröffentlicht; beim vorliegenden Text handelt es sich um eine im März 2022 aktualisierte und erweiterte Fassung.

Abkürzungsverzeichnis

ATI = Aerospace Technology Institute (britisches Forschungs- und
Entwicklungszentrum zu Luftfahrtfragen)
AWC = Hamburg Water Cycle (ein mit öffentlichen Mitteln gefördertes
Projekt der Abwasserwirtschaft)
AWI = Alfred-Wegener-Institut, Helmholtz-Zentrum für Polar- und
Meeresforschung
AWS = Ausschließliche Wirtschaftszone

BDEW = Bundesverband der Energie- und Wasserwirtschaft e. V.
BDI = Bundesverband der Industrie
BDLI = Bundesverband der Deutschen Luft- und Raumfahrtindustrie
BEHALA = Berliner Hafen- und Lagerhausgesellschaft
BHKW = Blockheizkraftwerk
BMBF = Bundesministerium für Bildung und Forschung
BMDV = Bundesministerium für Digitales und Verkehr
BMWK = Bundesministerium für Wirtschaft und Klimaschutz
BUND = Bund für Umwelt und Naturschutz Deutschland e. V.
BZ = Brennstoffzelle

CC4E = Competence Center für Erneuerbare Energien und
EnergieEffizienz an der HAW Hamburg
CCfD = Carbon Contracts for Difference (Klimaschutz-Differenz-
verträge)
CCS = Carbon Capture and Storage (ein Verfahren zur Speicherung von
CO_2, das bei der Wasserstoff-Elektrolyse anfällt)
CCU = Carbon Capture and Utilisation (ein Verfahren zur Speicherung

von festem Kohlenstoff, der bei der Wasserstoff-Elektrolyse mittels
Methan frei wird)

DAC = Direct Air Capture (ein Gerät, um CO_2 aus der Atmosphäre
    aufzufangen)
DAK = digitale automatische Kupplungen
dena = Deutsche Energie-Agentur
DGPS = Differential Global Positioning System
DLR = Deutsches Zentrum für Luft- und Raumfahrt
DMZ = Deutsches Maritimes Zentrum
DNR = Deutscher Naturschutzring e. V.
DNV = ein Unternehmen für Assurance und Risikomanagement
DUH = Deutsche Umwelthilfe e. V.
DVGW = Deutscher Verein des Gas- und Wasserfachs e. V.
DWV = Deutscher Wasserstoff- und Brennstoffzellen-Verband

EEG = Erneuerbare-Energien-Gesetz
ETS / EU ETS = European Union Emissions Trading System (der
    vom Europaparlament beschlossene Europäische Emissions-
    handel)

FHWS = Hochschule für angewandte Wissenschaften Würzburg-
    Schweinfurt
FNB Gas = Vereinigung der Fernleitungsnetzbetreiber Gas e. V.; ein
    Zusammenschluss der überregionalen Gastransportunternehmen
    in Deutschland
Fraunhofer IFAM = Fraunhofer-Institut für Fertigungstechnik und
    Angewandte Materialforschung
Fraunhofer IGP = Fraunhofer-Institut für Großstrukturen in der
    Produktionstechnik

GWh = Gigawattstunde; 1 GWh entspricht 1 Million Kilowattstunden

H2LOAD = Hydrogen Logistics Application and Distribution
    (ein Projekt der HHLA)
HAW = Hochschule für Angewandte Wissenschaften Hamburg
HGÜ = Hochspannungs-Gleichstrom-Übertragung
HHLA = Hamburger Hafen und Logistik AG
HH-WIN = Hamburger Wasserstoff-Industrie-Netz

HPA = Hamburg Port Authority (Betreiber des Hafenmanagements und
   für alle behördlichen Aspekte des Hafens zuständig)
HWC = Hamburg Water Cycle
Hypos e. V. = Hydrogen Power & Storage Solutions East Germany

IHK = Industrie- und Handelskammer
IKEM = Institut für Klimaschutz, Energie und Mobilität e. V.
IKT = Informations- und Kommunikationstechnologie
IMO = International Maritime Organization (die Internationale
   Seeschifffahrts-Organisation ist eine Sonderorganisation der
   Vereinten Nationen)
IPCC = Intergovernmental Panel on Climate Change (eine Institution der
   Vereinten Nationen, die auch oft als Weltklimarat bezeichnet wird)
IPCEI = Important Projects of Common European Interest (bezeichnet
   ein Vorhaben von gemeinsamem europäischem Interesse,
   das mittels staatlicher Förderung einen wichtigen Beitrag zu
   Wachstum, Beschäftigung und Wettbewerbsfähigkeit der euro-
   päischen Industrie und Wirtschaft leistet)

KMW = Kraftwerke Mainz-Wiesbaden AG

LADAR = Laser Detection And Ranging (ein laserbasiertes Ortungs-
   system)
LiFePo-Akkus = Lithium-Eisen-Phosphat-Akkus
LIKAT = Leibniz-Institut für Katalyse e. V.
LNG = Liquified Natural Gas (Flüssigerdgas)
LOHC = Liquid Organic Hydrogen Carriers (flüssige, organische Wasser-
   stoffträger, vor allem die Bindung von Wasserstoff an organische Öle)

MW = Megawatt

NABU = Naturschutzbund Deutschland e. V.
NEB = Niederbarnimer Eisenbahn
NEW 4.0 = Norddeutsche Energiewende 4.0
NIP = Nationales Innovationsprogramm Wasserstoff- und Brennstoff-
   zellentechnologie
NOW = Nationale Organisation Wasserstoff- und Brennstoffzellen-
   technologie
NRL = Norddeutsches Reallabor

PEM = Proton Exchange Membrane (Protonen-Austausch-Membran)
PtL = Power to Liquid (die Umwandlung von elektrischem Strom in
   Flüssigkraftstoff)

RMV = Rhein-Main-Verkehrsverbund

SAF = Sustainable Aviation Fuels; auch E-Fuels (synthetisches Kerosin,
   das aus alternativen, nachhaltigen Rohstoffen gewonnen wird)

TES = Tree Energy Solutions
TEU = Twenty-foot Equivalent Unit (Zwanzig-Fuß-Standardcontainer)
TransHyDE = ein Projekt des Bundesministeriums für Bildung und
   Forschung, in dem Technologien zum Wasserstofftransport,
   entwickelt, bewertet und demonstriert werden
TUHH = Technische Universität Hamburg
TWh = Terawattstunden = 1.000 GWh; siehe auch GWh

VSM = Verband für Schiffbau und Meerestechnik e. V.

WWF = World Wide Fund For Nature

Schaubilder

Windenergie

Bei Windkraftanlagen haben sich zwei verschiedene Konstruktionsprinzipien ◖ eine für den Generator günstige Drehzahl. Bei getriebelosen Anlagen (2.) sitzt ◖

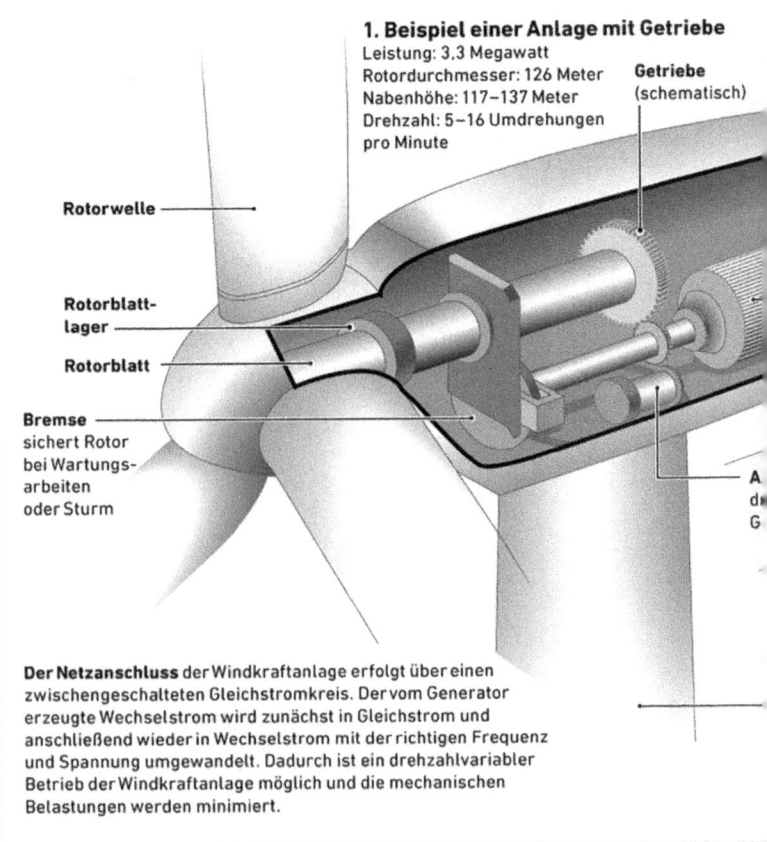

1. Beispiel einer Anlage mit Getriebe
Leistung: 3,3 Megawatt
Rotordurchmesser: 126 Meter
Nabenhöhe: 117–137 Meter
Drehzahl: 5–16 Umdrehungen
pro Minute

Getriebe
(schematisch)

Rotorwelle

Rotorblatt-
lager

Rotorblatt

Bremse
sichert Rotor
bei Wartungs-
arbeiten
oder Sturm

A
d◖
G

Der Netzanschluss der Windkraftanlage erfolgt über einen zwischengeschalteten Gleichstromkreis. Der vom Generator erzeugte Wechselstrom wird zunächst in Gleichstrom und anschließend wieder in Wechselstrom mit der richtigen Frequenz und Spannung umgewandelt. Dadurch ist ein drehzahlvariabler Betrieb der Windkraftanlage möglich und die mechanischen Belastungen werden minimiert.

zt: Anlagen mit Getriebe (1.) erhöhen die niedrige Drehzahl des Rotors auf
es Generators direkt auf der Rotorwelle.

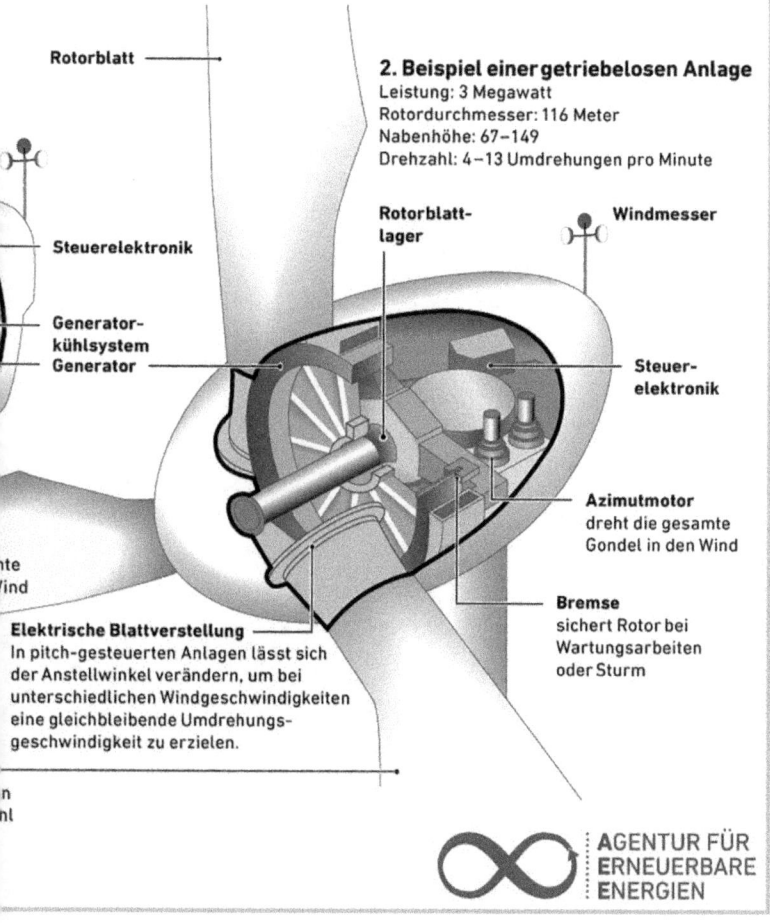

Rotorblatt

2. Beispiel einer getriebelosen Anlage
Leistung: 3 Megawatt
Rotordurchmesser: 116 Meter
Nabenhöhe: 67–149
Drehzahl: 4–13 Umdrehungen pro Minute

Steuerelektronik

Generator-
kühlsystem
Generator

Rotorblatt-
lager

Windmesser

Steuer-
elektronik

Azimutmotor
dreht die gesamte
Gondel in den Wind

nte
Wind

Bremse
sichert Rotor bei
Wartungsarbeiten
oder Sturm

Elektrische Blattverstellung
In pitch-gesteuerten Anlagen lässt sich
der Anstellwinkel verändern, um bei
unterschiedlichen Windgeschwindigkeiten
eine gleichbleibende Umdrehungs-
geschwindigkeit zu erzielen.

n
nl

AGENTUR FÜR
ERNEUERBARE
ENERGIEN

PROTONEN-AUSTAUSCH-MEMBRAN (PEM) ELEKTROLYSE

Sauerstoff O_2

Wasserstoff H_2

$4e^-$

O_2

$2H_2$

STROM

Erneuerbare Energien

$2H_2O$

Wasser

ANODE

KATHODE

Protonen-Austausch-Membran

© H-TEC SYSTEMS

Wie Power-to-Gas funktioniert

HOHES STROMANGEBOT

Der zunehmende Ausbau von Windenergie und Photovoltaik sorgt an sonnigen und windigen Tagen für ein hohes Stromangebot, das auch zur Erzeugung synthetischer Gase genutzt werden kann.

STROM

▼ STROM

ELEKTROLYSE

Mithilfe von elektrischem Strom wird bei der **Elektrolyse Wasser in Wasserstoff und Sauerstoff** aufgespalten. So wird ein Teil der elektrischen Energie chemisch in Form von Wasserstoff gespeichert.

METHANISIERUNG

Bei der Methanisierung wird der elektrolytisch hergestellte **Wasserstoff unter Zugabe von Kohlendioxid (CO_2) zu Methan** weiterverarbeitet. Das so produzierte synthetische Methan entspricht chemisch fossilem Erdgas und lässt sich einfacher speichern, transportieren und nutzen als Wasserstoff.

WASSERSTOFF

▼ WASSERSTOFF ▼ METHAN ▼

WASSERSTOFFSPEICHER

Gasförmiger Wasserstoff wird unter hohem Druck, flüssiger Wasserstoff bei sehr niedriger Temperatur gespeichert. Das bedeutet einen hohen Material- und Energieaufwand.

GASNETZ

Wasserstoff kann bis zu einem Anteil von ca. 5 Prozent ins bestehende Erdgasnetz eingespeist werden. Für synthetisches Methan steht praktisch die gesamte Speicherkapazität des Erdgasnetzes zur Verfügung. Das sind in Deutschland etwa 200 Milliarden Kilowattstunden und entspricht dem landesweiten Stromverbrauch in vier Monaten.

▼ WASSERSTOFF/METHAN 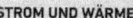 ▼

STROM UND WÄRME

Wasserstoff und Methan können in **Blockheizkraftwerken (BHKW) oder anderen Gas(-heiz)-kraftwerken sowie Brennstoffzellen** bei Bedarf wieder zur Strom- und Wärmeerzeugung genutzt werden. Die gesamte Wirkungskette ist jedoch mit erheblichen Energieverlusten verbunden.

KRAFTSTOFF

Wasserstoff und Methan können in technisch entsprechend ausgestatteten **Tankstellen und Fahrzeugen als Kraftstoff** eingesetzt werden.

▶ STROM ▶ WÄRME ▶ MOBILITÄT

INDUSTRIE

Industrieprozesse haben einen Anteil von ca. 7 Prozent am gesamten Treibhausgasausstoß in Deutschland. Allein bei der Produktion von Rohstahl werden rund 50 Mio. Tonnen CO_2 ausgestoßen. Das EU-geförderte Projekt Green Industrial Hydrogen, bei dem als Partner aus Deutschland, Italien, Spanien, Finnland und Tschechien mitwirken, will Industrieprozesse klimaschonender gestalten. Der Schlüssel hierfür: ein Hochtemperatur Elektrolyseverfahren. Zum einen können Industriebetriebe mit diesem Verfahren durch Wärmerückgewinnung ihre Effizienz steigern. Zum anderen kann der für Industrieprozesse wichtige Rohstoff „Wasserstoff" mit

Erneuerbaren Energien klimaschonend bereitgestellt werden, zum Beispiel für den:

- **Chemiesektor:** Wasserstoff bildet das Molekül bei der Produktion von Ammoniak, Methanol und Produkten auf Basis von Petroleum.

- **Stahlsektor:** Wasserstoff stellt im Prozess eine sichere Atmosphäre her, schließt Sauerstoff aus und verhindert so eine Oxidation des Stahls während des Glühprozesses.

- **Stromsektor:** Wasserstoff wird zur Kühlung großer Generatoren eingesetzt.

Quelle: eigene Darstellung

© 2019 Agentur für Erneuerbare Energien e.V.

AGENTUR FÜR ERNEUERBARE ENERGIEN
unendlich-viel-energie.de

© Agentur für Erneuerbare Energien e.V.

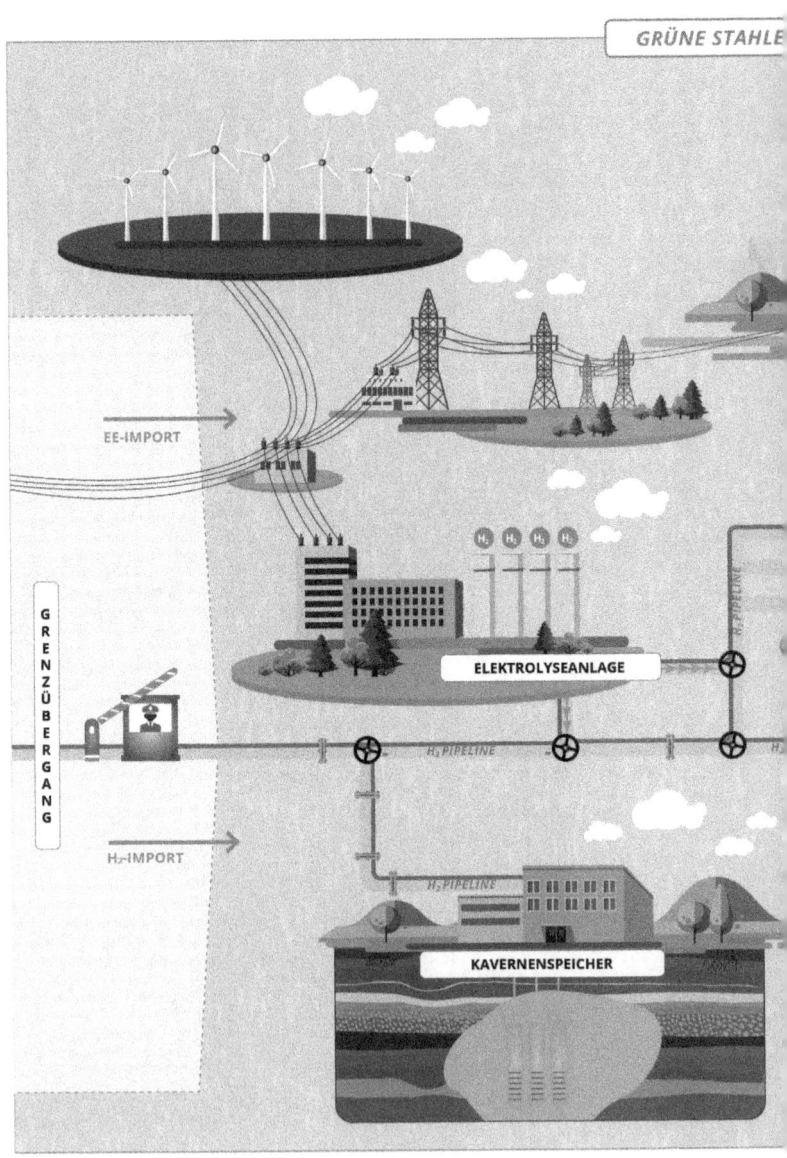

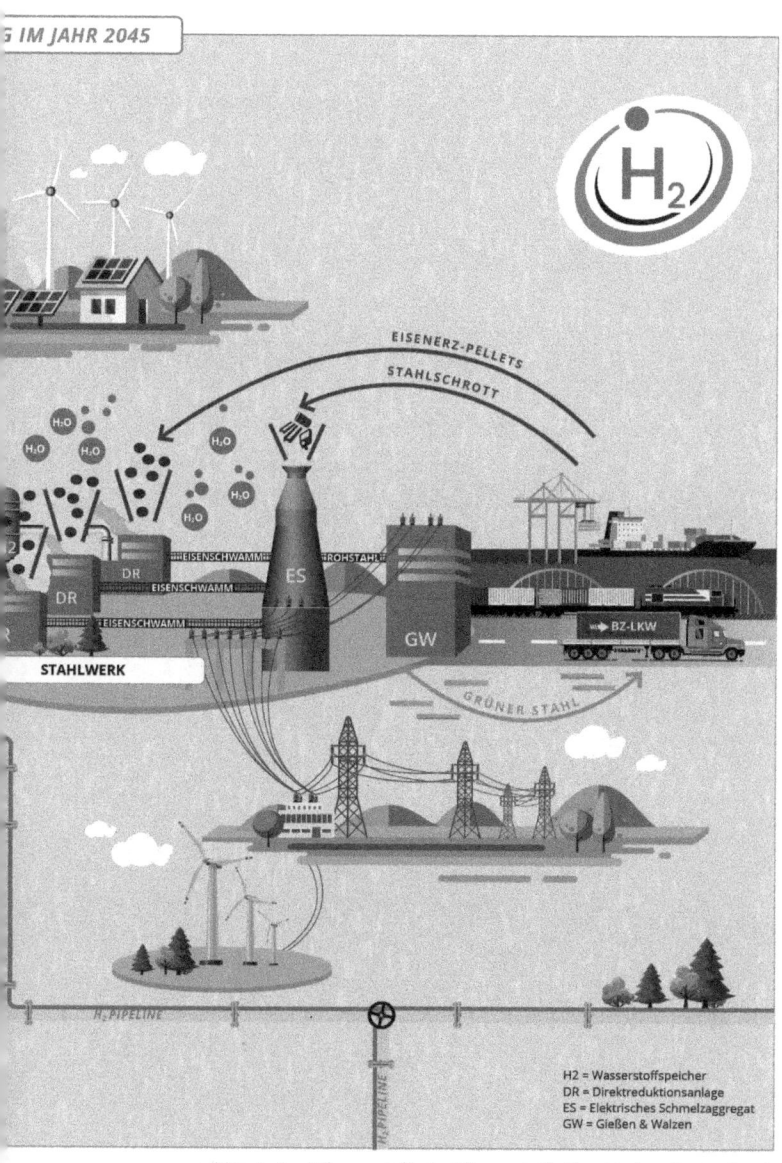

H2 = Wasserstoffspeicher
DR = Direktreduktionsanlage
ES = Elektrisches Schmelzaggregat
GW = Gießen & Walzen

©Deutscher Wasserstoff- und Brennstoffzellen-Verband e. V. (DWV)

Schema einer Brennstoffzelle

Gleichstrom

Gleichstrom

Elektron

H_2 **Wasserstoff**

O_2 **Sauerstoff**

H^+

O^{2-}

H_2O
Warmes Wasser

Anode

Elektrolyt

Kathode

Quelle: eigene Darstellung nach FAZ
Stand: 3/2020
© 2020 Agentur für Erneuerbare Energien e.V.

AGENTUR FÜR
ERNEUERBARE
ENERGIEN
unendlich-viel-energie.de